秩序与问题

ZHIXU YU WENTI

潘德斌　楚　渔　尹光志　等著
王鸿生　熊传东　丁爱辉

中国出版集团

世界图书出版公司

广州·上海·西安·北京

图书在版编目（CIP）数据

秩序与问题 / 潘德斌等著. —广州：世界图书出版广东
有限公司，2014.1（2025.1重印）
ISBN　978-7-5100-7304-5

Ⅰ.①秩…　Ⅱ.①潘…　Ⅲ.①公共秩序—研究
Ⅳ.①C912.3

中国版本图书馆CIP数据核字（2013）第315093号

秩序与问题

策划编辑　刘婕妤
责任编辑　翁　晗
出版发行　世界图书出版广东有限公司
地　　址　广州市新港西路大江冲25号
http:// www.gdst.com.cn
印　　刷　悦读天下（山东）印务有限公司
规　　格　710mm×1000mm　1/16
印　　张　12
字　　数　194千
版　　次　2014年1月第1版　2025年1月第3次印刷
ISBN　978-7-5100-7304-5/C · 0033
定　　价　68.00元

内容提要

　　传统的"社会秩序"概念，只能给人一种可以理解的感觉，但它看不见、摸不着也绘不出。本书给出的"社会秩序"新定义，它既看得见、摸得着也绘得出，是一个更接近我们社会实际的"革命性"的概念。本书对社会秩序进行了一个分类：树序、树—果序、果序等，并由此发现：经过三十多年的改革开放，我国法定的社会秩序基本上仍旧是秦汉以来的传统秩序——树序，但社会主义市场经济秩序却要求的是果序。

　　本书罗列了大量的"问题"，如社会主义市场经济的秩序问题、法治社会的秩序问题等，如何铲除中国封建社会的"痕迹"或"余毒"？林彪、"四人帮"是怎样运用"封建主义来反社会主义"的？中国的"罪人"是孔子吗？我们能完全绕开西方文明吗？调节收入分配最根本的是调节什么？如何调节？"柳传志"们为什么害怕？怎样从本质上解决这个问题？等等，笔者对此都给出了"权力结构分析"式（也是最深层次）的回答。

　　本书虽颇通俗易懂，但反映出来的思想却极为深刻、有力，也是学习权力结构理论的一本好的教材。

序

"除非一种社会秩序与社会进步完全保持一致，否则，任何真正意义上的秩序都不可能确立，尤其不可能持续。除非与社会进步相一致的社会秩序制度化了，否则，任何社会进步与秩序都不能巩固。"[1] 王沪宁指出："社会主义市场经济的政治要求：新权力结构。"[2] 这是对的。而本书证明了：新的权力结构决定了社会进步的新的（社会）秩序。

1. 若要改革、不要"革命"，就要抓住社会基本矛盾

"不改革死路一条"，是中国改革的历史强音。今天，这一命题更为清晰、更加透彻。

《南风窗》主笔石勇指出："随着法国历史学家托克维尔的书《旧制度与大革命》在官场、民间的火热，人们能够更加警惕到，不实质性地进行改革，改革在既得利益面前止步不前的一个后果，可能就是'革命'。"[3]

"中国的改革自有一个逻辑进路，应有序进行，如果被'革命'打断，将是公共灾难。因为它不仅会毁灭改革的成果，而且不知道会将中国带入什么方向。如果要拒绝'革命'，就必须真的努力做点什么——至少必须消除产生它

---

[1] 高兆明：《制度公正论》，上海文艺出版社 2001 年版，第 38 页。

[2] 王沪宁：《社会主义市场经济的政治要求：新权力结构》，载《社会科学》1993 年第 2 期。

[3] 石勇：《给政府权威一个理由》，载《南风窗》2013 年第 3 期。

的社会条件。必须让改革跑在它的前面。足以让党和政府，以及全社会产生紧迫感。法国大革命告诉人们，在'革命'发生前，一定早已不认同于政府的权威，以及治理秩序了。"[1]

自我国改革开放特别是在树结构之下引入市场经济政策以来，我国政府的权威及社会秩序就大不如前了。这正如中国社会科学院的报告说的那样："在经济社会发展取得巨大成就的同时，社会秩序和社会稳定指数却出现负增长。社会秩序指数年均递减2.0％。"[2]这充分地说明：由树结构确定的"树序"与新型的市场经济早已不相适应了。但是，"树序"与市场经济不相协调这一方面，人们至今都还没有清醒地觉察到。这种"不相协调"关系，我们还硬撑了二十多年，真是不容易啊。难怪，连美国安德鲁－瓦尔德先生都把我国现实状态称为"失序的稳定"[3]。

石勇还说道：我国"政府权威流失的深层表现，则是官民的社会冲突和心理对峙。某些官僚体系已然被视为是一个凌驾于社会之上的利益集团。在政治参与上，公民也充斥着'被代表'的抱怨，感受不到自己是能够影响政治进程的权利和权力主体"[4]。

这其实说明，由"权力结构论"所推知的：在社会主义社会中，存在着一个基本矛盾，那就是由树结构决定的层级矛盾[5]（即"民与官"的矛盾）或称阶层矛盾的观点是非常正确的。而消除这一矛盾的根本途径，就是对树结构进行类型转换，最终建立起社会主义果结构体制来。这也说明了：在纷繁复杂的社会事务中，经济的、政治的、文化的、社会事物的方方面面的，需要我们改革的事很多，使我们有些无暇顾及。但我们知道了社会基本矛盾，事情就好办多了。在这千万种社会事务与矛盾中，抓住社会的基本矛盾就行了，其他矛盾

---

① 石勇：《给政府权威一个理由》，载《南风窗》2013年第3期。

② 冷溶主编、夏春涛副主编：《科学发展观与中国特色社会主义》，社会科学文献出版社2006年版，第66—72页。

③ ［美］安德鲁－瓦尔德：《失序的稳定：中国政权为什么有力量》，载《社会科学报》2010年7月15日。

④ 石勇：《给政府权威一个理由》，载《南风窗》2013年第3期。

⑤ 潘德斌、颜鹏飞、吴德礼、王长江、赵凯荣、陈国荣等：《中国模式：理想形态及改革路径》，广东人民出版社2012年版，第61—64页。

都会迎刃而解。

例如，在类型庞巨的收入分配中，如何才能实现公正呢？也需要我们抓住社会基本矛盾。北京大学廉政中心主任毛寿龙教授指出[①]：如果收入是分配的，就是可以调节的，要调节的是特权收入，而不是所谓的过高收入；如果收入是赚来的，就不是可以调节的，如果要调节收入，那就是消灭收入。

所谓"特权"，"就是政治上、经济上在法律和制度之外的权利"[②]。从世界角度来看，它就主要是由树结构体制所赋予的"权力"。这种权力就是笔者在本书第一章中所说的"绝对权力"，它是可以高于法律、高于制度而被"掌权者"悄悄采用的"权力"，最典型的例子如中国的"文化大革命"时期，就是"特权"横流的时期，等等。而所谓"特权收入"，就是"掌权者"利用手中的这种权力来获取的一种见不得阳光的经济利益（如经济学家所称的"寻租"）。目前，中国在收入分配中，最主要的矛盾是有特权收入与无特权收入之间的矛盾。毛寿龙教授提出的"特权收入"这一概念是非常重要的，他的上述观点只要改一改也是对的：最根本的是要调节特权收入，但作为社会主义初级阶段，最高收入也要适当限高。

习近平总书记强调指出："要加强对权力运行的制约和监督，把权力关进制度的笼子里，形成不敢腐的惩戒机制、不能腐的防范机制、不易腐的保障机制。"[③] 这很好，说到点子上了。按照笔者的观点理论，这话就是说：要在中国建立起社会主义果结构体制决定的"果序"来。哪怕只要过渡性的社会主义树—果结构体制的确立（即"树—果序"的建立），就能较好地"把权力关进制度的笼子里，形成不敢腐的惩戒机制、不能腐的防范机制、不易腐的保障机制"等等。只有通过这类制度改革，才能"挽回、增强政府权威和党的威信，构筑治理、执政的正当性基础"[④]。只有这类"治理秩序"的建立，才会产生相应的"道德基础。而我们的改革，过去或多或少忽略了这一点"[⑤]。而我们

---

① 毛寿龙：见网易微博，2013 年 2 月 8 日。

② 邓小平：《党和国家领导制度的改革》，载《邓小平文选》，人民出版社 1994 年版，第 332 页。

③ 习近平：《把权力关进制度的笼子里》，载《新华每日电讯》2013 年 1 月 23 日。

④ 石勇：《给政府权威一个理由》，载《南风窗》2013 年第 3 期。

⑤ 石勇：《给政府权威一个理由》，载《南风窗》2013 年第 3 期。

现实社会的权力结构——树结构与此刚好相反："关在笼子里的不是'权力'，而是'人民'。"

因由传统的树结构所赋予的"权力"，是"掌权者"可以悄悄用于高于法律、高于制度之上的"特权"，是特权产生的基础，而由树结构决定的社会"树序"，不能完成市场经济条件下的上述"道德基础"。因此，政府权威只能进一步流失，治理秩序也只能进一步混乱了。

2．改革体制、实干兴邦

（1）前不久，习近平总书记在参观《复兴之路》展览时指出："空谈误国，实干兴邦。"① 据笔者理解：在我们这种体制改革的年代，要做的就是"体制改革"，并需要我们"实质性地进行改革"②，而"现实社会主义社会的体制改革，本质上讲是指它的权力结构的类型转换"③。因此，我们眼前该做的事就是，对我国现行的树结构进行类型转换（即结构改革），这就是实质性的改革。据本书研究可知：随着结构改革的成功、特权的消除，也就不存在"特权收入"了。而特权收入的消失、收入分配的趋向合理以及相应体制对社会主义民主、法治、人权、自由等的充分体现，哪怕只要过渡性的社会主义树—果结构体制的确立（即"树—果序"的建立），部分地消除了特权收入，部分展现了社会主义民主、法治、人权、自由等，就使人们看到了希望，也就会完全消除了产生"革命"的社会条件，这样的"改革"也就远远地跑在"革命"的前面了。

（2）我们设计的社会主义果结构体制（及之前的过渡性的树—果结构体制），都是在中国共产党领导下进行的，而党政是分开的。对于政府而言：①有更大的监督体系（如中国共产党本身也成了监督政府的力量之一）；②有比树结构体制之下更大的权力（特别是自主权），这有利于政府权力的高度集中及使用，以便于更能体现出社会主义优越性的体制等。

---

① 李斌：《习近平：继续朝中华民族伟大复兴目标奋勇前进》，载新华网，2012 年 11 月 29 日。

② 石勇：《给政府权威一个理由》，载《南风窗》2013 年第 3 期。

③ 潘德斌、颜鹏飞、吴德礼、王长江、赵凯荣、陈国荣等：《中国模式：理想形态及改革路径》，广东人民出版社 2012 年版，第 206 页。

（3）我们没有照搬"西方式民主"那一套，没有引入"多党制"，等等。可以说：社会主义果结构体制等（或称为"东方民主"制），完全是我们的创造：既吸取了西方"三权分立"制度的优点（如相互监督与制约，行政领导比在现实树结构中有更大的自主权，可以更好地集中与使用权力，等等），找到了民主制国家的"民主等共性"——权力结构为果结构的类型研究等，从而完整地设计了社会主义果结构体制，以及如何在中国共产党的领导下，从树结构转换成果结构等；又克服了"三权分立"制度的诸多缺点，如湮灭了中国共产党的领导等。但我们并没有完全绕开西方文明，而是吸收了西方文明（当然，只能吸收其中好的成分）、改造了西方文明，并将会超越西方文明。

中国社会科学院前院长胡绳指出："20世纪的历史经验，并不证明社会主义制度已经灭亡，但的确证明社会主义制度必须改革……随着世纪的更替，新的模式正在促进社会主义的更生。"[1] 我们给出的以果结构为权力结构的社会主义模式，就是这类新模式。

这正如著名政治学家、国家行政学院教授竹立家在评荐笔者的理论时所说："关于'权力结构'的研究著作，无疑是目前为止代表学术界对中国社会的'现代性'研究最为深刻的一本，因为它抓住了中国进入现代性社会的最根本症结——权力结构改革。中国从传统社会向现代社会的'结构性改革'，是确立人民群众在权力结构中主体地位的改革，没有人民群众的这种主体地位，中国就很难迈入现代性门槛。"[2]

（4）果结构体制还保障了社会主义经济的良好运行等，而社会主义所有制，即我们所说的"大众股份制"[3]。此外，笔者还解决了与体制改革的其他相关问题，如诚信度下滑、道德下降等问题。

中国社会科学院博导、《人民日报》原副总编辑周瑞金推荐笔者的理论时指出："用树结构和果结构的独特理论视角，分析我国权力结构的特征与症结，给人耳目一新之感。这对破解我国改革面临的政府太强、社会太弱、市场扭曲

---

[1] 载《中共党史研究》2004年第1期。

[2] 潘德斌、颜鹏飞、吴德礼、王长江、赵凯荣、陈国荣等：《中国模式：理想形态及改革路径》，广东人民出版社2012年版，"专家推荐"第2页。

[3] 潘德斌、颜鹏飞、吴德礼、王长江、赵凯荣、陈国荣等：《中国模式：理想形态及改革路径》，广东人民出版社2012年版，第144—155页。

的弊端……颇有启迪。"①

习近平总书记最近指出："摸着石头过河，是富有中国特色、符合中国国情的改革方法。摸着石头过河就是摸规律，从实践中获得真知。摸着石头过河和加强顶层设计是辩证统一的，推进局部的阶段性改革开放要在加强顶层设计的前提下进行，加强顶层设计要在推进局部的阶段性改革开放的基础上来谋划。"②

以上几点就是笔者多年以来"摸"出来的规律。

在笔者先前出版的几本书中，没有严格区分政治体制与行政体制。其实，笔者谈的权力结构的类型转换（即结构改革），完全属于行政体制改革。

交流邮箱：pdb1126@163.com

潘德斌

2013 年 7 月 16 日

---

① 潘德斌、颜鹏飞、吴德礼、王长江、赵凯荣、陈国荣等：《中国模式：理想形态及改革路径》，广东人民出版社 2012 年版，封底。

② 蔡永生：《分析摸着石头过河和加强顶层设计》，载《光明日报》2013 年 2 月 17 日。

目　　录

第一章 国家、社会及其结构

1. 权力的定义

权力在本质上是带强制性的支配力，即支配别人或别的（社会性）元素——个人或集团的行为，强使别的元素放弃自己的意愿而服从支配者的意愿。或者说，权力是一些元素可以用来控制另一些元素主导社会行为以符合控制要求的一种带有强制性的支配能力。在这里，笔者指出：①使控制及被控制对象，从人变成了更一般的元素，即我们把（社会）组织也包含在控制他人或被控制对象之中。②能力前面增加的"带有强制性的支配"强调了这种能力的强制性作用。就一般意义而言，控制虽然往往带有强制性含义，但也包含用"影响力"去控制他人的意思在内。③任何对于元素行为的控制，都只能是对其主导社会行为的控制，而不可能是对元素所有行为的控制。④"可以用来"的限定则表明上述能力是一种"存在状态"，而不是一种"运行状态"。或者说，只要某元素具备了这种能力，而不论这元素是否运用这种能力，我们就说：他／它便拥有了权力。关于权力定义更详细的论述见《场态经济学》[1]、《中国模式：理想形态与改革路径》[2]。

---

[1] 潘德冰：《场态经济学》，湖北人民出版社 1994 年版，第 99—101 页。

[2] 潘德斌、颜鹏飞、吴德礼、王长江、赵凯荣、陈国荣等：《中国模式：理想形态与改革路径》，广东人民出版社 2012 年版，第 1—2 页。

2．权力的分类

从上述权力的定义可知：任何权力都是产生于两个元素之间的。[①] 我们把存在权力关系的两个元素称为权力相关的两个元素，而若两元素之间不存在权力关系，则称为权力无关的两个元素。通常，我们把两元素分别用两个点来表示，而把两元素之间的权力关系用联结这两点之间的一条线来表示，并用线上的一个箭头来表示权力的指向（其中，箭头指向的点表示权限的行使对象，而箭头背向的点表示权限的行使主体）。权力的三类不同情形，如图 1-1 所示：

（a）附属关系　　　（b）相对独立关系　　　（c）独立关系

图 1-1　权力的三类不同情形

在传统的（组织、制度等）理论中，人们往往只考虑以上两类关系（即权力相关及权力无关的关系）。其实，像这样的理论所研究的对象还仅仅是一些国家（或社会）的表象问题。在权力结构理论中，正是我们首先把权力相关类型又分成了附属关系（或称隶属关系）及相对独立关系这样两大类，才使我们的理论研究进入了国家（或社会）问题的实质性研究之中。[②]

其中，图 1-1（a）所谓"附属关系"（或称"隶属关系"）是指：如果甲元素仅仅是乙元素的权力行使对象，而乙元素不构成甲元素的权力行使对象，则这种联结关系就是一种附属关系。附属关系如图 1-1（a）所示，称为甲附（隶）属于乙，或乙附（隶）属甲。图 1-1（b）所谓"相对独立关系"是指：

---

① 在我国，似乎还有权力的第三者存在：如一个厂矿，除开"厂部"及非"厂部"（如车间及工人）以外，还有该"厂矿"上面的主管部或局。其实，当我们考查"部局"与"厂矿"之间的权力关系时，通常把厂矿只看成一个点（即部局的权力只对厂部，而不对非厂部），这时的"权力"其实是只在"部局"与"厂矿"（或厂部）之间划分的，仍然只在两元素间划分，所以任何权力都是产生于两个元素之间的。

② 潘德斌、颜鹏飞、李永忠、潘峰、赵凯荣、唐大斌等：《权力结构论》，人民出版社 2013 年版，第 152—159 页、第 277—286 页。

一方面甲元素是乙元素的权力行使对象，另一方面乙元素亦构成甲元素的权力行使对象，则这种联结关系就是一种相对独立关系。相对独立关系如图1-1（b）所示，称为甲、乙两元素相对独立。图1-1（c）所谓"独立关系"是指：如果甲、乙两元素都不构成对方的权力行使对象，则称它们为相互独立关系或简称独立关系。图1-1（a）又称为二元开口系统，图1-1（b）又称为二元闭合系统或称环，是闭合回路中最简单的一种。

例如，在中国封建社会中，如果把中央、省、县等分别看成一个元素，则中央附属省、省附属县等等。而将发达国家中的总统（或首相）及国内任一国民也分别看成一个元素，它们却是相对独立的关系。虽然，总统（或首相）权力很大，但国人有权选举、监督权等。当然，相对独立关系中甲、乙元素的权限，通常是用权力行使的时间来分开的（如美国的选举，通常是四年一次：选举时"权在民"，总统的"权"在选后执行）。这种二元素间的联结关系，称为这两元素之间的权力结构。

从这里可以看出：笔者的权力结构概念不是从传统的（组织、制度等）理论中提出来的，而是对传统理论进行"革命"处理后迸发出来的崭新概念，是一革命性的概念，它也将产生革命性的影响。

不难看出：在传统理论中，所谓权力只是某元素（如元素乙）用来控制另一元素（如元素甲）的一种带强制性的支配能力。从职位设置（如上级对下级）上来看，它是一种甚至没有把使用权力的时间分割开来的绝对权力。而在笔者的理论中，则出现了把有用权力的时间分割开来的"环"状的相对权力。这其实是有关"权力"的一个分类：①绝对权力，指由甲对乙的附属关系而形成的权力，或它们之间由二元开口系统形成的权力；②相对权力，指由甲、乙相对独立关系而形成的权力，或它们之间由二元闭合系统形成的权力。绝对权力，有时也称为传统权力；相应的，我们把相对权力亦称为现代权力。

3．绝对权力与相对权力的构成法则

两个元素之间的绝对权力与相对权力（或称附属关系与相互独立关系）分别由如下两种权力分割法则来实现。

（1）同权分割法则。同权分割法，也称为横向权力分割法。为叙述方便起见，笔者还是假定有元素甲与元素乙，且甲隶属乙（如图1-1所示）。这种分权法具有如下特点：①分割的是同一种权力，如企业的干部任免权。改革前，企业中层以上干部的任免权由乙（如主管部、局）决定，中层以下干部的任免权留给甲（如企业）。改革后，把企业中层干部的任免权甚至企业全部高层副职干部的任免权部交给了甲（如企业），但至少把企业高层正职干部中的一人（俗称"一把手"）的任免权仍旧留给乙（如主管部、局）。②权力分割的同时态性。一般对甲、乙两方的权限行使时间没有进行分割，没有形成各自独立的权力运行时间。而通常的情况是，在甲方的任何权力运行时间内，都拥有乙方的权力运行时间，且乙方的权力运行往往会改变甲方的权力运行。这一特点，使乙方在权力结构上不受运行时间的限制，从而使甲方在权力结构上得不到运行时间的保障。例如，某省委的某项命令，可以使地委正在运行的权力受挫，或完全停止。③权力空间的交叉性。它一般不能形成分权双方各自有界的权力行使空间，而通常的情况是：在相对下级一方拥有的任何权限之内，都拥有相对上级一方的同种权限。如上述事例中，地委拥有的任何权限，省委都拥有。

同权系数的初始值与调整。在进行同权系数分割之前，往往需要预先确定权力分割的比值，称为同权系数的初始值。在实践中，常常根据经验来确定同权系数的某个初始值 ξ，然后根据实际情况的需要来进行调整，即改变 ξ 的值：①朝着有利于下级方向的调整。此时，将适当地扩大下级的权限，而且同时减小上级的同种权限，这种调整方向，即人们常说的"放权"。②朝着有利于上级部门方向的调整。此时，将适当地减少下级的权限，而扩大上级的权限。这种调整方向，即人们常说的"收权"。如改革前，企业中层以上干部的任免权在上级（部或局）、中层以下干部的任免权在下级（即企业），这便是 ξ 的一个初始值。改革后，将除开企业"一把手"的任免仍控制在上级部门，而将其余干部的任免权都给了企业，即 ξ 值做了一次"放权"的调整。但这样做已是同权分割中 ξ 值（在干部任免权方面）的极限了，若超过了这个极限（如企业"一把手"的任免权也由企业自身决定），就不是同权分割法了，故它有下面的特点：①在进行同权系数的分割或同权系数的调整中，通常都是由分权双方中相对上级的一方单方面决定的，而相对下级的一方由处于被动接受上述权力分配或权系数的调整的地位。这一特点，我们称为同权分割（或同权调整）中权力的单向性。②设 e 为两元素在同权分割中的权限之比值，称为同权系数，由于在上述权力分配中，下级的权限可以为 0，故通常 e 可以是无上界的（即对任何充分大的正数 R，仍旧有 $e > R$ 成立）。

（2）异权分割法则。异权分割法，也称为竖向权力分割法，这种分权法具有如下特点：①与同权分割刚好相反，把在同权分割中的"同一种权力"总是完整地分给相应的角色（如企业），而另一方只不过拥有监督这种权力的权力。这样，不同元素之间的权限之比，不再是同权系数，而是不同角色的权力之比，称为异权系数，或者说，在异权分割中，两元素的同权系数为零。例如：在英、法、美、日等发达国家中，企业负责人（厂长或经理）拥有招聘、解聘企业人员的权限，而企业人员亦有辞职、择业等权限。怎样使这两种权限协调起来呢？即形成各自的权力时空，如在企业内，只能行使企业负责人的上述权限，而企业人员的上述权限只能以离开企业为前提，即其权力空间在相应的企业之外构成。在不同角色权力空间中的权限之比，就是某种异权系数。在这些国家中，处于各层次（不是我国所称的不同级别）的政府与它（可能不限于一家）的分权对象之间，也是采用异权分割法则来分权的。容易看出，在异权分割中，具有权力关系的两元素之间，通常构成了一种双向制约关系。如发达国家中，企业负责人因拥有招聘、解聘企业人员等直接权限而制约着企业人员；而企业人员的权力空间亦因拥有辞职、择业等直接权限而制约着企业负责人。因此，经过异权分割的两元素之间，构成了一种相对独立关系。在这种双向制约的关系中，仍旧存在发挥主导作用的一方（如企业负责人），称为主控方，亦存在处于次要作用的一方（如企业从业人员），称为次控方。②在异权分割中，像同权分割那样，权力的同时态性已不存在，分权双方都有各自独立的权力行使时间。③在异权分割中，权力分割的交叉性也不存在，分权双方都有各自的权力行使时空（指权力行使时间与行使空间）。④在异权分割中，根本不存在权力调整的单向性，甚至于同权分割中的那种"权力调整"都没有。调整固定角色的权力时空除非经过"议会"，甚或"全民"裁定，即这种权力分割中，存在各自的"私密时空"。

在我国的现实社会中，有附属权力关系的两个元素（分别称上级与下级）都采用同权分割法来分割权力，下级相对于上级来说，权限可以为 0（即下级的权限可以被无端地剥夺），从而使上、下级的权限之比为∞（无穷大）。这表明上级对下级来说，其权限可以大到无边界，因而下级缺乏固定不变的"权力私密空间"，也就缺乏对上级来说应有的"刚性"约束（即在结构上不受任意剥夺的权力约束）。从而，使我们社会中呈现出许多"官大一级压死人"的社会现象，故使我们的现实社会只能成为"人治"或"权治"的社会（即上级对下级的治理）。在西方发达国家中，有相对独立关系的两个元素都用异权分割法来分割权力，它们各自的权限都相当稳定、有界，从而，权限之比也是有界的。这表明了对相应社会中任何元素来说，都存在一个由结构决定的、不能改变的"权力私密空间"，也就不缺乏人们通常所说的"刚性"约束（即在结构上不受任意剥夺的权力约束）。从权力分割的两大法则可知：只有保持果结构体制的发达国家才有可能成为"法治"社会。两种权力分割法则如图 1-2 所示（它们的分权方向是相互垂直的）：

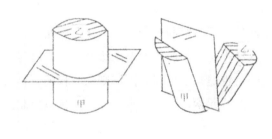

（a）同权分割　　　（b）异权分割

图 1-2　权力分割法则示意图

4．国家（系统）及其结构、国家制度及其基本层次

国家（或地区）系统是在某国家（或地区）范围内，由元素（个人或集团）用权力粘结起来的整体。我们知道：在这个系统中，凡是权力相关的两个元素，都被权力粘结起来了。所以，我们将这样形成的系统结构，称为权力结构。由此，国家（或地区）系统的系统质、它的各项功能及机制都主要由其权力结构来决定。某国家（或地区）系统的权力结构，我们有时也称为该系统的整体结构。权力结构（或整体结构）是本书中一个非常重要的概念。

在《明清文化史札记》一书中，武汉大学著名历史学家冯天瑜先生指出："如果将广义文化分作器用的、制度的和精神的三个层面，那么洋务派的变法，其范围主要限于器用层面，旁及文化的制度层面的表浅部分（如官制、考选制度、军事制度等），而很少触及制度层面的深层结构……至于其精神核心——纲常名教之类更是力加捍卫、决不允许稍加非议。"[①] 其实，如果把冯天瑜先生这里的讲话的顺序倒过来，就构成了一个国家制度应该含有的三个基本层次。

任何国家制度都含有如下三个基本层次：核心层次——国家的基本属性（如该国中占主导地位的生产资料所有制的属性，等等）；第二层次——权力结构；第三层次——法则细则，即（除开决定核心层次及权力结构的规定内容之外的）法律、法规、方针及政策等。反之，任何国家系统，只要具备了以上三个层次，也就构成了一个简单的国家制度。在国家制度中，核心层次是国家制度的（限定）内容，而第二、第三层次是国家制度（在其限定内容之下）的构成形式，即人们常称的体制，其理论抽象为体制模式。内容决定形式，形式体现内容。但同一内容却可以用其允许范围内的不同形式来体现，且其体现的程度不同（可能有质的差异），发挥的功能各异（如自然界，石墨与金刚石就仅仅因结构不同而表现出质的不同，而人类社会中，因结构类型不同而差异就显得更大了）。这表明，所谓"体制"，它其实包含了权力结构及法规细则这样两个层次，而不是通常人们认为的那样：只有"法规细则"这一个层次（目前，国内外所说的"模式"，就是指"法规细则"这样一个层次。其实是一个"无核"的即没有模式中起主导层次存在及作用的"表皮"模式）。权力结构在体制中发挥着主要的功能与机制作用，而法规细则只起到相对微小的调节及具体尺度的作用。传统意义上的模式概念是一个极其模糊的概念。

5．权力结构的类型划分

容易看出：国家系统的权力结构虽然有多种多样，但有史以来的人类社会，却常常呈现如下四大类型（每一类结构中仍有无穷多种）：①树结构；②树—果结构；③果—树结构；④果结构。简单来说：就是看它们之中权力相关的任意

---

① 冯天瑜：《明清文化史札记》，上海人民出版社 2006 年版，第 332 页。

两点（即两个构成元素）之间的权力联结方式是"附属关系"或"相对独立关系"。例如：树结构，就是指其中任何权力相关的两点的联结方式是从上至下的一种二元开口联结方式（即上级附属下级的方式）；果结构，就是指其中任何权力相关的两点的联结方式是从上到下与从下到上相结合的二元闭合回路的联结方式（即上、下级之间是一种相对独立关系）；而树—果结构或果—树结构便是指上层是树结构（或果结构）、下层是果结构（或树结构）等等。例如：中国的奴隶制社会，是果—树结构；中国封建社会是树结构；现代化的世界各国，不管它在西方或东方，也不管它实行的是"君主立宪制"、"民主共和制"、"民主联邦制"，或北欧的"民主社会主义制"等，都一律是果结构类型。

社会制度的限定内容，只是一种文字规定，而它的体制（更准确些说，主要是权力结构）才真正决定了相应社会的运行、控制、稳定性及有序性等社会功能（包括机制），以及民主与法治、社会属性内容的体现程度等。社会制度的最适当的构成形式（即体制）能够最完满地体现社会属性的内容。例如，同样的社会主义属性的内容，可以建立在树结构的构成形式之下，如现实的社会主义就是这样；也可以建立在果结构为权力结构的构成形式之下，这两种"社会主义"有着"质"的不同（这从以下诸文即可看出来），等等。这两类权力结构中，树结构就是专制结构，而果结构就是民主结构（这可以由两类结构的功能看出来）。由此可见，"还是陈独秀说得干净利落，民主与专制之间没有什么逻辑联系，民主就是民主，专制就是专制"[①]，而西方学者（虽然他们没有掌握权力结构理论）宣传的目前世界各国有专制与民主的区别还是比较客观的。但宋鲁郑先生则认为："从根本上说，中国和西方制度不同的主要因素之一，就在于精英产生的方式不同，而绝非西方宣传的民主与专制的区别。"[②]笔者不赞同宋鲁郑先生的这种观点（他根本就没有办法解决我们目前的难题，而笔者却很好地解决了这些难题[③]），而宋鲁郑先生希望把人类社会最好属性

---

① 单世联：《中国现代性与德意志文化》（下卷），上海人民出版社 2011 年版，第 1147 页。

② 宋鲁郑：《为人类开拓更优秀的制度文明》，载《社会科学报》2013 年 9 月 19 日。

③ 笔者给出了在坚持中国共产党领导下的社会主义体制改革方案。参见潘德斌、颜鹏飞、吴德礼、王长江、赵凯荣、陈国荣等：《中国模式：理想形态及改革路径》，广东人民出版社 2012 年版，第 131—143 页。

内容的社会主义永远停留在并不体现这些内容的树结构体制上，这样做不利于社会主义制度及其改革。

对于中国的改革与前景，许多人相当悲观。如陈之骅教授就为一些人"西方资产阶级的'民主'制度被美化为全世界独一无二的理想社会，是世界历史的最终归宿"[①]的观点担心与发愁，但又无法为社会主义找到出路。陈老，不要忧虑了，笔者在这里可以庄严地宣布：世界历史的最终归宿，不是资产阶级民主制度，而是伟大的社会主义制度。不过，这种社会主义制度不是"斯大林模式"（其本质就是其权力结构为树结构），而是权力结构为果结构（类型）的社会主义模式。"斯大林模式"已死，但社会主义还活得很鲜艳。[②]笔者认为，没有对"斯大林模式"的批判、让人们尽快走出"斯大林模式"的泥潭，社会主义就不会前进，就不能最终取代资本主义制度；对"斯大林模式"的批判越是深刻，社会主义取代资本主义的速度就越迅速。我国坚持中国特色的社会主义，不是让"斯大林模式"在中国复活，如果是那样，就成了被普京批评的"没有头脑"[③]的人了。

树结构，亦是人们通常所说的金字塔结构[④]。有人问：为什么我们称树结构，而不用金字塔结构这种人们已经十分习惯的称呼呢？原因是：金字塔结构只是一个笼统的"形"的概念，而"树"图是《图论》（《图论》是《运筹学》的一个分支学科——笔者注）中的科学概念，它不但有"形"的概念（《图论》中"树"是一棵"树根"朝上的"树"形），而且还有"点、线、运行通道、单通道性"等构造内容。从而可以对树结构进行（图论、控制论等）科学的、具体的分析，并摒除树结构体制的种种弊端。

在树结构中，权力相关的每一对两点之间，都是采用同权分割（或称横向分权）法则来联结的，故这样的两点都是附（隶）属关系，它们只能形成二元开口系统，如图1-1（a）所示。而在果结构中，权力相关的每一对两点之间，

---

① 陈之骅：《历史虚无主义搞乱苏联》，载《人民论坛》2013年9月（下）。

② 潘德斌、颜鹏飞、吴德礼、王长江、赵凯荣、陈国荣等：《中国模式：理想形态及改革路径》，广东人民出版社2012年版，第131—143页。

③ 注：这是2000年2月普京在竞选俄联邦总统期间说的话。原话为："谁不为苏联解体而惋惜，谁就没有良心；谁想恢复过去的苏联，谁就没有头脑。"（笔者注）

④ 吴家祥：《公天下》，广西师范大学出版社2013年2月版，第331页。

都是采用异权分割（或称为竖向分权）法则来联结的，故这样的两元素之间是相对独立关系，它们形成二元闭合系统，如图1-1(b)所示。在树—果结构或果—树结构中，权力相关的每一对两点之间的联结法则，在"树结构"部分同于树结构的联结法则，在"果结构"部分同于果结构的联结法则。树结构、树—果结构、果—树结构及果结构就是关于权力结构的一个类型划分。

6．社会（系统）及其结构、社会制度及其基本层次

在权力结构理论中，社会（系统）同于国家（系统），它们的结构也完全相同；社会制度同于国家制度，其基本层次也相同。以下，笔者不再将它们分别区分。

7．在权力结构理论中，"制度"与"模式"等概念与传统理论的差异

在传统理论中，"制度"概念通常只包含有如下两个层次：①核心层次——制度的基本属性，如社会主义社会或资本主义社会等；②法规细则（含义同上）。而在权力结构理论中，"制度"概念却包含三个层次（如上所述）。即权力结构理论中的"制度"，多了一个权力结构层次。笔者发现：权力结构理论中的"制度"概念更加完善，它真正体现了"制度"的本质。所谓"模式"通常也有"制度模式"及"体制模式"两种："制度模式"同于"制度"；而它们在权力结构论与传统理论中的差别也一样，如"体制模式"中，也是在权力结构论中比在传统理论中多了一个"权力结构"层次，即如上所述。现具体举例说明如下：

（1）社会主义社会是否存在固有的模式？

现时代的人们，比较普遍地认为："社会主义社会没有固定的模式和'最终规律'可循，它是经常变化和改革的社会，改革是社会主义发展的必由之路。"其实，这个观点是不对的，是人们还不知道权力结构理论之前的看法。但由权

力结构理论①可知道：社会主义社会的权力结构必定是果结构，而结构又是"体制模式"中的主要部分（质的部分），正确的说法应该是：社会主义模式应该是以果结构为权力结构（类型），至于"模式"的第三层次——法规细则，倒可以是"与时俱进"的。法律、法规、方针及政策是无固定的"模式"及"规律"可言的。但结构必为果结构，是社会主义模式必须循寻的"最终规律"之一。

　　其实，人们对社会主义的追求，就是对这个能够真正体现社会主义"质"的固定模式的追求。离开了社会主义模式的存在性，人们也就成了"无的放矢"的"追求"，任何人都可以把他的"追求物"说成是"社会主义"，这样也就没了真正的社会主义。例如，"回顾历史，德国的俾斯麦政府当年曾把铁路、烟草公司等收归国有，把国有化措施作为所谓'建立社会主义'。恩格斯对此曾深刻地批判说：'自从俾斯麦致力于国有化以来，出现了一种冒牌的社会主义，它有时甚至会堕落为某些奴才气，无条件地把任何一种国有化，甚至俾斯麦的国有化，都说成是社会主义的。显然，如果烟草国营是社会主义的，都说成是社会主义的，那么拿破仑和梅特涅也应该算入社会主义创始人之列了'"②。又如，"希特勒也搞过国家社会主义，他通过国家的力量把企业和托拉斯国有化……所以说，不是任何形式的国有化都是社会主义的"③。再如，当今社会，"在这次金融危机中，美国政府采取了一些国有化的救市政策。于是就有人说了，美国现在搞社会主义了，是'美国特色的社会主义'，认为国有化就是社会主义。在过去的一年里，委内瑞拉总统查维斯为了搞社会主义，已把电力、石油、钢铁、水泥和电讯企业收归国有"④。毛泽东强调指出："真正的理论在世界上只有一种，就是从客观实际中抽出来又在客观实际中得到了证明的理论，没有任何别的东西可以称得起我们所讲的理论。"⑤同样的，关于社会主义模式也只有一个，它的理论也只有一种。

---

　　① 潘德斌、颜鹏飞、李永忠、潘峰、赵凯荣、唐大斌等：《权力结构论》，人民出版社 2013 年版。

　　② 高尚全：《国有化不等于社会主义》，载《北京日报》2009 年 6 月 29 日。

　　③ 高尚全：《国有化不等于社会主义》，载《北京日报》2009 年 6 月 29 日。

　　④ 高尚全：《国有化不等于社会主义》，载《北京日报》2009 年 6 月 29 日。

　　⑤ 转引自楼胆群：《推进理论创新，促进改革开放》，载《光明日报》2008 年 8 月 26 日。

可见，权力结构包含在"制度"中的重要性。

（2）中国改革，突破了"苏联模式"吗？

关于这个问题，目前仍有两种看法。一种看法是中国改革已突破了"苏联模式"，另一种看法是没有突破。事实上，邓小平同志在提出和阐述政治体制改革任务时就已回答了这个问题。他指出："中国的政治体制基本上是从苏联照搬而来的，它在苏联就不成功，更不用说在中国了。这种政治体制的'总病根'就是'权力过分集中'、'民主太少'。"① 而我国在没有进行政治体制改革（即结构改革）② 之前就说"突破了苏联模式"，确实为时太早了。权力结构理论③ 已经证明：我国与苏联都是建立在以树结构为体制上的两个同性同构社会④，因而他们在社会中的运行、控制（包括轨道、方式甚至手段）、社会秩序及稳定性能级等方面都基本上是一样的。⑤ 现在就说"突破了苏联模式"的学者，要么是浑然无知，要么是随口瞎说。所以，现在所谓的"对苏联模式的突破"还只能说：我们"突破了模式的第三层次——法规细则层次"，但对现实模式来说，这还仅仅只是对其表皮层次的"突破"。而真正的突破——权力结构层次的突破还没开始呢！只有经过树结构类型转换之后，真正建立起以果结构为体制的社会主义模式之后，我们才能说"真正突破了苏联模式"。

这可以看出，权力结构这个概念是何等的重要。

（3）苏联剧变的根本原因何在？

关于苏联剧变，原因十分错综复杂，现已有不少论述，侧重点各有不同：如有的强调意识形态的作用，有的强调共产党本身问题（如苏共本身的逐步蜕化变质），有的强调经济因素，有的强调民族问题，有的强调西方和平演变的

---

① 王占阳：《积极稳妥推进政治体制改革之要》，载《人民论坛》2011 年 7 月（下）。

② 潘德斌、颜鹏飞、吴德礼、王长江、赵凯荣、陈国荣等：《中国模式：理想形态及改革路径》，广东人民出版社 2012 年版，第 59—61 页。

③ 潘德斌、颜鹏飞、李永忠、潘峰、赵凯荣、唐大斌等：《权力结构论》，人民出版社 2013 年版。

④ 潘德斌、颜鹏飞、吴德礼、王长江、赵凯荣、陈国荣等：《中国模式：理想形态及改革路径》，广东人民出版社 2012 年版，第 91—117 页。

⑤ 潘德斌、颜鹏飞、吴德礼、王长江、赵凯荣、陈国荣等：《中国模式：理想形态及改革路径》，广东人民出版社 2012 年版，第 91—102 页。

作用，有的从苏联推行霸权主义的对外政策加以分析，有的则把苏联剧变归结为戈尔巴乔夫改革政策的失误而造成的结果，等等。而陆南泉等老前辈认为："应该说，以上各种因素，对苏联的剧变都起了作用。"但"苏联剧变的根本原因是斯大林模式的社会主义制度以及体现这一模式的体制问题，就是说斯大林模式的社会主义制度由于弊病太多，已走不下去了，已走入死胡同，失去了动力机制"①。这里所说的斯大林模式即苏联模式。中国人民大学统战部长、国际关系学院教授周淑真与陆南泉老前辈有同感："当这座金字塔大厦轰然倒塌时，人民漠然地站在远处，无动于衷。归根到底，起决定作用的是'这一模式本身的一系列原则性结构缺陷'，'特殊的世界实力政治格局下的不利的外部环境'只是催化剂。"②

笔者证明了：不管是何原因，最根本的原因还是权力结构为树结构③，即是包括权力结构层次在内的体制"模式"的问题，或者说是苏联模式本身的问题。这表明：上述陆南泉前辈们的观点是对的，但他们在《苏联真相：对101个重要问题的思考》中，由于没有权力结构的概念及理论，致使其论证略显乏力、散漫与啰唆。周淑真教授的上述观点也是对的，但我们没有见到她的有关论证，她在另一篇文章中指出："执政党的组织建设应以权力结构得到改善为出发点……而在制度机制上，要改变现在某些带有'官本位'色彩的做法和规定。"④用笔者的话来说就是：必须对现实的树结构进行类型转换。

美国经济学教授大卫·科茨（在中国上海财经大学任教）指出："经验证明，苏联解体不是因为实行社会主义制度的结果。而是由于苏联式社会主义的一些严重缺陷。其中，最为严重的缺陷在于，劳动人民无法在经济或国家事务中实践主权。一个由精英来保障劳动人民利益的社会主义制度，无论如何仁善，都不是一种稳定的社会主义形式（着重号是引用者加的）。可持续的社会主义必

---

① 陆南泉、黄宗良、郑异凡、马龙闪、左凤荣主编：《苏联真相：对101个重要问题的思考》，新华出版社2010年版。

② 周淑真：《苏共与国民党衰败之鉴》，载《人民论坛》2011年6月（上）。

③ 潘德斌、颜鹏飞、吴德礼、王长江、赵凯荣、陈国荣等：《中国模式：理想形态及改革路径》，广东人民出版社2012年版，第91—102页。

④ 周淑真：《亟待研究政党变革的深层逻辑》，载《人民论坛》2012年11月（上）。

须建立在经济与国家的人民主权之上。"① 大卫·科茨教授的观点基本上也是对的，但要以树结构的存在为前提："在树结构存在的前提下，不管你在法规细则层次范围内，对百姓无论如何仁善，都不是一种稳定的社会主义形式。"

这也看出，权力结构在"制度"概念中何其重要。

（4）如何铲除中国封建社会"痕迹"或"余毒"？

1949 年，中国革命胜利之后，中国封建社会的"痕迹"或"余毒"并没有完全肃清。邓小平同志在建国三十年后就讲道：我国的"主要的弊端就是官僚主义现象，权力过分集中的现象，家长制现象，干部领导职务终身制现象和形形色色的特权现象"。"特权，就是政治上经济上在法律和制度之外的权利。搞特权，就是封建主义残余影响尚未肃清的表现。"② 又一个三十年过去了，胡德平指出："改革开放三十年来，我党在肃清封建主义遗毒、加强民主与法制建设方面都取得了不少成果，但仍有艰巨的任务需要完成。如在不少人的头脑中，还缺乏'以人为本'的思想，颠倒了群众和公仆的关系，人治重于法治；对人的个性解放，尊重人权的意识还远远没有到位；很多地方存在的人身依附、官本位、以权谋私等现象并未得到有效遏制；以言代法、执法不公，选择性办案的现象还相当普遍；家长制、一言堂作风仍有相当的市场。"③ 而上海大学历史学教授朱子彦指出："辛亥革命虽然推翻了皇帝和皇帝制度，但帝王思想及封建专制主义的影响仍然根深蒂固，很难从人们头脑中消除。"④

《联合时报》编辑潘真在文中⑤ 指出：辛亥革命的功绩，在于推翻帝制、建立共和，在于解放思想、言论自由。不错，皇帝是被拉下马了，可人民当家做主了吗？只要"民主"还停留在中国古籍里的意思（如"当官不为民做主，不如回家卖红薯"），各式各样的皇帝就不可能真正作古。前几天，《人民日报》重提 1980 年邓小平在《党和国家领导制度的改革》讲话中反思"扫除封建残余"问题："我们进行了二十八年的新民主主义革命，推翻封建主义的反动统治和

① ［美］大卫·科茨：《苏联解体与当今国际社会主义运动》，载《中国社会科学报》2011 年 5 月 5 日。

② 《邓小平文选》，人民出版社 1983 年 7 月第一版，第 292—302 页。

③ 胡德平：《重温叶剑英 30 年前讲话》，载《南方周末》2008 年 10 月 2 日。

④ 朱子彦：《多维视野的大明帝国》，黄山书社 2009 年版，第 374 页。

⑤ 潘真：《诸公心中的辫子是无形的》，载《联合时报》2011 年 10 月 14 日。

封建土地所有制，是成功的、彻底的。但是，肃清思想政治方面的封建主义残余影响这个任务，因为我们对它的重要意义估计不足，以后很快转入社会主义革命，所以没有能够完成。现在应该明确提出继续肃清思想政治方面的封建主义残余影响的任务，并在制度上做一系列切实的改革，否则国家和人民还要遭受损失。"过了二十一年，这番话更加振聋发聩，因为封建残余似乎并没减少；可扫帚呢，又尘封在哪个角落？

潘真在同一文中继续指出：最典型的死灰复燃，便是"官本位"。当年为新中国抛头颅洒热血的仁人志士，想不到现今有人当官不为人民谋利益、只为自己争待遇吧。"学好数理化，不如有个好爸爸"又时兴了，只是换了生动形象的说法——"拼爹"，由此衍生出另一新名词——"官二代"。反封建，任重而道远，而"诸公心中的辫子是无形的"啊！

为什么这些封建"痕迹"或"余毒"会这样"顽强"地"坚守"着呢？潘真女士所说的"扫帚"在哪里呢？笔者在《中国模式：理想形态及改革路径》[①]一书中就指出：这"扫帚"就是对现行的权力结构——树结构进行类型转换，如先转型为树—果结构体制（这样消除了一部分"封建残余"），最终转换成全国性的果结构体制（标志着"封建残余"的最后清除）。原来，我们虽然赶跑了皇帝，却把封建社会的权力结构——树结构保留下来了。这就相当于把国家（或社会）中的运行、控制（包括轨道、方式甚至手段）、秩序及稳定性（包括能级及方式）等都保留下来了。而正是人们在国家决定的这一运行、控制等过程中，使我们看到了：只要树结构存在，这些封建"痕迹"或"余毒"就存在。只有对权力结构进行类型转换（如从树结构转换为树—果结构等），中国才能消除这些封建社会的"痕迹"或"余毒"。

其实，只要树结构还存在，也就维持了"势位势能"这种"等级社会"的存在，也就决定了人们"官本位"意识的存在。在现实社会中，凡是能"攀登权力的金字塔，享受权力的福祉"[②]的人，都是"聪明绝顶"的人，而树结构却把这些人送上了"追求势位"的"官本位""歧途"。从这个意义上讲：树结构体制是对"人才"最大的磨损与浪费。若不改革现行树结构体制，中国不

---

① 潘德斌、颜鹏飞、吴德礼、王长江、赵凯荣、陈国荣等：《中国模式：理想形态及改革路径》，广东人民出版社2012年版，第103—117页。

② 王晓华：《学术失魂实乃体制综合症》，载《社会科学报》2010年12月2日。

可能立于世界之顶。

没有权力结构的概念及理论，就无法排除封建社会的"痕迹"与"余毒"。

（5）中国体制改革的根本任务是什么？

为什么原社会主义各国，在建国才短短的十几年（其中前苏联，计算到"大清洗"为止，也不过二十来年），纷纷（或说不约而同地）掀起了改革的浪潮。理论界认为这是社会主义的自我完善。那么，是什么需要完善呢？先认为是计划经济的问题。于是，我们便在原有的权力结构下开始了市场经济的嫁接。然而不幸的是：这种嫁接是不成功的。树结构不但不能保证市场经济的良好运行，反而使市场经济变成了一种"权力市场经济"或"权贵市场经济"，等等。权力结构理论证明[1]：只有果结构能保障市场经济的良好运行；而从本质上讲，社会主义体制改革的根本任务是对其进行权力结构的类型转换。但从保持全局稳定性的要求出发，我们又只能先接受（能部分保持市场经济良好运行的）树—果结构为权力结构的改革目标，等等。

没有权力结构的概念，就无法看清体制及体制改革的本质。

（6）中国目前的主要任务是反资本主义，还是反封建主义？

李泽厚先生说[2]："现在中国仍然盛行'官本位'，这就是封建特色。所以，中国目前是反资本主义，还是反封建主义？这还是一个老问题。中国的资本主义发展得还不够，要反的不是资本主义，而是封建主义。"

《中国模式：理想形态及改革路径》[3]一书，证明了"树结构"的根本缺陷：助长"官僚主义"、形成特权现象之源、腐败之源、人治社会之源、社会主义市场经济不能良好运行之源等等。只有"果结构"才能最大程度地实现民主和确保民生、建立法治社会、消除"官僚主义"、大面积地消除特权及腐败现象、使社会主义市场经济能够良好运行等等。而为了确保中国的统一、稳定和长治久安，作为从树型结构向果型结构过渡的中介阶段的"树—果型结构"阶段则在很大部分解决了上述种种问题。

---

[1] 潘德斌、颜鹏飞、吴德礼、王长江、赵凯荣、陈国荣等：《中国模式：理想形态及改革路径》，广东人民出版社 2012 年版。

[2] 载网易微博，2012 年 10 月 2 日。

[3] 潘德斌、颜鹏飞、吴德礼、王长江、赵凯荣、陈国荣等：《中国模式：理想形态及改革路径》，广东人民出版社 2012 年版。

再结合上述（4）及（5）两条即知：我们应该把反封建主义作为我们目前的主要任务。在这里，还要记住：千万不要像"文化大革命"时期那样：用"封建主义来反对资本主义"，但用"封建主义来建设社会主义"，也同样不会成功。

但是，在斗争策略上，我们并不需要首先树立起反对"封建主义"的旗帜，而主要是应有这个认识。而像李厚泽先生指出的那样：首先"反封建主义"的说法，似乎有些过"急"，其结果将是什么也反对不了的。在实际过程中，需要保持一定阶段内一定程度的"封建主义"色彩的存在，用"封建主义"来消灭"封建主义"。具体说来，在我们的体制改革中，不要一下子去掉树结构，而是把它改成树—果结构，推进树—果结构体制在县一级改革中的成功。这样，也就在县一级消除了"封建主义"。随后，通过一级一级地提高果结构层次，逐步消灭更大范围内的"封建主义"，直到全国性的果结构体制的建立，我们才可以说：已全国性最终消除了"封建主义"，但这是一个消除"封建主义"的自然过程。

没有权力结构的概念，就难于了解我们当前的任务。

（7）怎样将科学精神注入到现实文化之中？

为改造中国及复兴中华，人们提到了文化转型，其高层研讨会前不久在北京举行。[①]

全国政协第十一届副主席王志珍认为："道德失范、诚信缺失，人生观、价值观的扭曲，浮躁和急功近利，低俗文化、拜金主义，甚至封建愚昧等不是稀有现象，人们为之忧虑。而科学精神的缺失正是导致这些问题产生的主要原因之一。""建设社会主义现代化强国，不仅需要物质的现代化，更需要实现人的现代化，首先要实现人的精神、文化的现代化。"中国社会科学院荣誉学部委员、美国研究所原所长资中筠认为："科学就是追求真理，但真理不一定对所有人有用，或者说不一定马上符合每个人的需要，也可能刚好和某些人的利益相反。为了政治需要就不讲科学，不讲真理，这就是泛政治化。多少年来，我们都是政治高于一切，坚持科学精神不是那么容易的，泛政治化是科学精神的一大障碍。"

在这次大会上，人们还达成了共识：以科学精神推动转型文化建设。但怎

---

① （记者）泽羽：《以科学精神堆动转型文化建设》，载《社会科学报》2012年4月5日。

样用科学精神来推动现实文化，即科学精神怎样才能注入现实文化并促进文化的转型？人们并没有找到根本有效的办法。例如，既然"泛政治化"是科学精神的一大障碍，那么按人们通常的方法就要"去掉泛政治化"，其实，这"泛政治化"是树结构所具有的一项功能。只要树结构存在，它的每一项功能就存在。去掉"泛政治化"，就像在树结构不变的状态之下，要各个高校"去行政化"①一样幼稚可笑。中国科学院李醒民教授说："在中国传统文化的基因中，科学精神不是缺损就是缺漏。""我们欠缺不计功利地追求'无用的'真理的精神，尤其是欠缺科学精神根本支柱与鲜明特色即实证精神与理性精神。""是近代中国经济落后、思想愚昧的根子。"②厦门大学易中天教授指出："什么是科学精神？我认为，就是怀疑精神、批判精神、分析精神和实证精神，是这四种精神之总和。"③这无疑是对的，但这四种精神却不是我国权力结构——树结构的功能所具有的。在树结构体制下，人们不能任意去怀疑、任意去批判、任意去分析，更不能任意去实证某些事物或规律，而要听从"上级的意见"（唯上意识）。所以，科学精神注入文化及文化转型的根本之点有待于树结构的类型转换（见：《中西方文化差异的根：源自权力结构的不同类型》④）。离开树结构的转型及新型结构的建立等其他方法都无异于"纸上谈兵"。

权力结构概念及类型转换等，使笔者找到了注入中国文化科学精神的良方。

（8）叶剑英、李维汉等老前辈为什么说"四人帮"用"封建主义来反对社会主义"？而他们又是怎样运用"封建主义来反社会主义"的？

胡德平发表文章《重温叶剑英30年前讲话》说："'四人帮'究竟是什么人？在揭批'四人帮'的前两年，按照'以阶级斗争为纲'的惯性思维，既然资产阶级是我国最危险、最可怕的敌人，那么'四人帮'当然就是新老资产阶级分子，当然就是社会'地富反坏右'的总代表了。既然毛泽东把这种敌人称作'党内走资本主义道路的当权派'，那么这顶帽子从老干部的头上摘下，

---

① 徐峻音等：《去行政化，一场新的变革来临？》，载《社会科学报》2010年6月7日。

② 李醒民：《科学精神是现实的迫切需要》，载《社会科学报》2012年4月5日。

③ 钟道然：《我不原谅》，生活·读书·新知三联书店2012年版，序言。

④ 潘德斌、颜鹏飞、吴德礼、王长江、赵凯荣、陈国荣等：《中国模式：理想形态及改革路径》，广东人民出版社2012年版，第118—130页。

扣在'四人帮'头上就是最自然不过的了。那时的批判精神就是这样做的。"①

胡德平继续指出："第一个正确指出'四人帮'社会阶级本质的中央领导人是叶剑英。他在 1978 年末的中央工作会议闭幕会上说：林彪、'四人帮'之所以在某种问题上制造混乱，绝不是要反对什么资产阶级民主，而是要剥夺无产阶级和劳动人民的民主，践踏党的民主集中制，我们决不要再上这些封建法西斯分子的当。"②"林彪、'四人帮'以封建主义冒充社会主义，说是用社会主义反对资本主义，实际是用封建主义来反对社会主义。"③

中共元老李维汉说："封建主义，包括它的思想体系、风俗习惯，在我们国家、我们党里反映相当严重，'文化大革命'把这个问题暴露得很厉害，因为林彪、'四人帮'是利用封建主义去反对所谓资本主义、所谓走资派、所谓党内资产阶级，采取的方法是封建法西斯专政。现在虽然'文化大革命'已经过去，但封建遗留还很深，需要彻底清算，否则，很难保证'文化大革命'不再发生。"④

叶剑英、李维汉等老前辈为什么说林彪、"四人帮"用封建主义来反对社会主义呢？原来，由权力结构论可以知道：因我国现实社会与中国封建社会同构（即它们有同类的权力结构），这决定了它们有相同的运行及控制（包括轨道、方式、功能等都相同），有序性及稳定性都有相同的能级及构成方式，等等。于是，林彪、"四人帮"只要采用封建社会那一套整人的办法就行了，而他们正是这样干的。所以说，叶剑英、李维汉等老前辈说：林彪、"四人帮"用封建主义来反对社会主义。

上面已经说了林彪、"四人帮"是怎样整人的，说具体点就是：①因在树结构体制下，人们的是非观点往往是"唯上"的（在"文化大革命"时期，人们对"上级"的说法更是十分地相信）。于是，林彪、"四人帮"只要说明（有时甚至只需要暗示）某人有"问题"，这人就迅速地被群众揪斗了。②进入正式的批斗程序。③消除这个人的一切正当权利，让他在群众中逐步"灭迹"。④用多种形式让这个人"消亡"。林彪、"四人帮"就是这样巧妙地或称为让人不察觉地利用了我们社会主义社会与中国封建社会的同构性，即都是树结构

---

① 胡德平：《重温叶剑英 30 年前讲话》，载《南方周末》2008 年 10 月 2 日。

② 胡德平：《重温叶剑英 30 年前讲话》，载《南方周末》2008 年 10 月 2 日。

③ 叶剑英：《叶剑英选集》，人民出版社 1996 年版。

④ 李维汉：《石光树研究文集》，学苑出版社 2007 年版，第 158 页。

等来达到他们目的的（当然，林彪、"四人帮"并不知道权力结构理论，他们也是从树结构体制的社会实践中感知并利用了这一"理论"的）。

从这里，也可以看出权力结构概念的重要性了。

8．自然界的闭合系统与人类社会系统的闭合性

在自然元素构成的自然系统中，元素之间的闭合关系现象，不但广泛地存在于客观世界中，且具有这种关系的系统往往具有"用之不竭"的巨大能源与"活力"，给人一种"可持续发展"的印象。例如，以N、S为两个磁极的"磁场系统"中，磁力线就构成了两极间的闭合关系，且磁能"用之不竭"。又如，如果把地球与大气层看成"降雨系统"中的两个"元素"，那么从雨的形成可以构成两极点（地球及大气层）之间的两元闭合系统。从而使自然界这种"下雨"的现象永不完结：雨从大气层降到地球上，水蒸气又从地球上把"雨水"送入大气层，从而形成了一种闭合关系及"万世不竭"的降雨现象。

容易看出：在这些自然系统中，元素之间的闭合关系，对相应系统的功能及其稳定性等等，是一种极其重要的决定因素。例如，在"降雨系统"中，如果缺乏把上述闭合关系变成某种开口关系时，如只有大气层向地球的降雨过程，或只有地球向大气层蒸发水蒸气的过程，那么像今天人们认识到的这种降雨现象，可能早就结束了。同样，只有物理学家才能设想：如果在磁极N、S之间，只存在从N指向S或S指向N的一组磁力线的话，我们的世界将会变成一个什么模样。在人类社会中，权力相关的两元素之间，是二元开口系统，或是二元闭合系统，对社会状态、秩序及稳定性等也同等重要：只有二元闭合系统，才能长期保持有序、稳定的状态。而二元开口系统，保持的时间长了，就会引爆原有系统（指原有系统的崩溃），给人一种"不可持续发展"的印象。

我们所说的国家（或社会）系统，是由个人或集团为其构成元素并用权力来粘结起来的关于人的系统。这种"高级系统"常常伴有更高的复杂性。在这种系统中，元素粘结关系是否具有闭合性质，对其结构、功能、运行、控制、有序性、稳定性及演化等诸方面，都将产生巨大的影响及极大的差异。例如，自秦汉以来，我国权力结构中，凡与权力相关的两元素之间都形成一种二元开

口系统，国家的整体结构为树结构，它们之中没有一个二元闭合系统，这就是我国封建社会最多保持两三百年就要发生一次改朝换代的根本原因。但因树结构对统治者太有利了，特别是处于"树根"地位的皇帝，完全处于没有任何权力对他进行约束的地位，一切都可以由他任意解释、任意发挥、任意执行、任意挥霍。因此，在新王朝建立时，他们（甚至在并不知晓树结构等概念的状态之下）都义无反顾地选择了树结构体制作为新王朝的体制（包括蒙古族、满族等）。当时的外来民族入侵中国之后，在建立新王朝时都全面接受了这种传统的中国文化。就这样，树结构体制一直沿用了两千多年，成为世界独特的"超稳定系统"（指它的稳定性并不好，但它在中国却被长期、反复采用这样一种特性[①]），甚至在 1949 年无产阶级取得新中国革命的胜利之后，以及后来的社会主义革命之后，我们仍旧建立在树结构体制之上；在这类体制上，我国发生了令人疼心的"文化大革命"，之后又经历了三十多年的体制改革实践，但令人奇怪的却是：我们现在仍然还是树结构体制。在这里，关键的是：我们缺乏对树结构及权力结构理论的了解与认识，仍旧有意无意地采用了树结构体制，这与社会主义属性内容根本不相容。如社会主义属性内容规定的"人民民主"，但树结构体现出来的却是"为民做主"（即官员为民做主）；社会主义属性内容要求的"按劳分配"，但树结构体现出来的却是"按权分配"；在树结构体制下，"法治"变成了"人治"，活生生的人却变成了"只能按上级指令运转"的螺丝钉……树结构还是社会腐败之源，是"官本位、特权现象、家长制现象"产生之源，等等。这就是原社会主义阵营在建国不久就纷纷改革的根本原因。而发达国家中，凡与权力相关的两元素之间都形成一种二元闭合系统，国家的整体结构为果结构，其中，有无穷多个二元闭合系统构成了这些国家较长时期的稳定性。这样，［分别如图 1-1（a）及 1-1（b）所示的］二元开口系统与二元闭合系统就分别构成了我们所说的树结构及果结构。至于树—果结构与果—树结构则是由这两类二元结构同时构成的。就这样，不同形态的人类社会，也正是由这两类二元系统构成的。故我们称：二元开口（或闭合）系统，是人类社会最为重要的生成细胞（有人戏称为人类社会的社会基因）。

　　需要注意的是，树结构为权力结构的社会系统的蘖变（指它的组织元素的

　　[①]　潘德斌、颜鹏飞、吴德礼、王长江、赵凯荣、陈国荣等：《中国模式：理想形态及改革路径》，广东人民出版社 2012 年版，第 65—75 页。

增加或消失）时，形成的新的"社会系统"，其权力结构仍旧只能为树结构（因在蘖变过程中，其结构新增或减少某些点时，只意味着在原结构上增加或减少某些"枝"，根本改变不了结构的类型）。而果结构为权力结构的社会系统的蘖变（指它的组织元素的增加或消失）时，形成的新的"社会系统"，其权力结构也仍旧只能为果结构（因在蘖变过程中，其结构新增或减少某些点时，也只意味着在原结构上增加或减少某些"环"，同样改变不了结构的类型）。所以，在中国封建社会中，如明清时代的江南，商品经济曾高度发达，形成了许多新元素，如新增的企业，但却没有资本主义社会的萌芽产生，也不能形成树结构以外的新的社会制度。故林毅夫先生那种"好的制度是内生的"[①]观点是根本错误的。树结构之下的中国封建社会就"内生"不出一个果结构为其权力结构的资本主义社会来。

其次，单纯主张"私有制"的（指不把权力结构结合起来考虑）观点也是错误的。如中国封建社会就全部为私有制，也没有建立起果结构体制的社会，甚至没有走进资本主义社会的殿堂。其原因就在于我们的权力结构为树结构，在这类结构下，不管"商品经济"有多"高度发达"，因结构不能从树结构蘖变成果结构，也就不能有资本主义萌芽的真正产生。而在现实状况下，就算全国都实现了私有制，在树结构的统治之下，也仍旧只能是"权力市场经济"或"权贵市场经济"等，而市场经济照样不能良好运行。[②]就算某树结构体制的社会崩溃了，对于缺乏权力结构理论的人们来讲，重新建立起来的社会，就像改朝换代的中国封建王朝那样，其权力结构仍旧还是树结构，这就是历史的继承。

改革开放三十多年以来，我们曾多次证明了：树结构不能支撑市场经济良好运行，只有果结构才能支撑市场经济良好运行（树—果结构体制也能极大部分地支撑市场经济良好运行）。这是得到了多方支持的主张，但直到现在还没有人愿意在小范围内试一试，这就是人类固有的"固执"，甚至是"偏执"，这也是树结构体制下的必然现象。

（郭德钦　程波）

[①] 林毅夫：《最好的制度是内生的》，载《经济观察报》2008年6月2日。

[②] 潘德斌、颜鹏飞、吴德礼、王长江、赵凯荣、陈国荣等：《中国模式：理想形态及改革路径》，广东人民出版社2012年版，第166—179页。

第二章　社会运行与社会控制

1．社会运行轨道的构成

在树结构中，由结构图中的边（包括其端点）依次首尾相连的一条折线 μ，我们称为结构图（或树结构）的一条链。如果链 μ 中的点最多只作为 μ 中两条边的端点，则称链 μ 为结构图（或树结构）中的一条运行轨道或通道。这里，"μ 中的点最多只作为 μ 中两条边的端点"的限定，即其中任一端点，只能作为一条边的终点，且为另一条边的起点。

以某个县为例，若这个县只有县一级（即图 2-1 中 A 点所示）、乡（镇）一级（即各 B 点所示，其中，不同的 B 点代表不同的乡或镇）以及乡镇以下的村一级（即各 C 点所示，其中，不同的 C 点代表不同的村）。这三个级别，称为三个层次（如图 2-1 所示）。

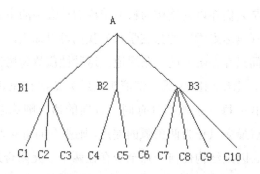

图 2-1　某个县的结构示意图（图中箭头已去掉）

由上可以看出：在以树结构为权力结构的社会系统中，树结构实质上在相应的内部规定了一条决定其元素主导社会行为的法定通道（以下简称"轨道"或"通道"）。如图 2-1 中，C1 → B1 → A → B2 → C5 ，或 A → B1 → C2，等等，就是这样的通道。在改革前，所有的人、财、物（包括产、供、销）都必须严格地经过这样的通道（即人事的任用、财政的支出及物质的产、供、销等，都必须经过的通道）。例如，即使 C1 村的某产品，最适合于销售给 B3 乡，当时的产品的运行轨道必须是 C1（产地）→ B1（上级主管部门）→ A（高级调节部门）→ B3（市场），而不能选择省时、省力、省经费的直接通道 C1（产地）→ B3（市场），即 C1 的产品不能直接到市场 B3 去出售（当然，这里假定是在 C1 接受市场 B3 管理条件下来说的）这样一种流通方式。改革前，这种流通方式被看成非法行为。经过改革，这种"物"的通道被官方承认了，但这个县的"人与财"的任用通道基本上还是原来的单通道。

上述通道，除了进行人、财、物的运行之外，还作为系统内不同层次的元素之间的信息传递通道，特别作为高层元素对低层元素下达（行政）指令的法定通道，并分别称为信息通道与指令通道。如图 2-1 中，A → B1 → C1，A → B2 → C5，B3 → C6 等等都是指令通道，且同时也是一条信息通道。如"红头文件"的下达，就是依靠这些指令通道运行的。但 C1 → B1 → A 或 C4 → B2 → A 等，是信息通道，而不是指令通道。它常作为低层元素向高层元素输送"请示报告"及各种"汇报"的信息通道。人们常把未经过法定通道正式运行而形成的各类信息看成"小道消息"，把来自于报刊、电台等各类信息看成"参考消息"，而把"红头文件"看成"可靠消息"。这既是树结构决定的通道要求，也是人们在以树结构为权力结构的社会中的生活经验。

从《图论》（《运筹学》的分支学科）我们可以知道，树的本质特征是：图中任何两点之间只存在唯一的一条通道。这种性质称为树结构的单通道性。

在果结构中，由结构图的弧（带箭头的线）依次首尾相连而成的一条折线记为 μ，如果 μ 中每一条弧都具有同一方向的话，则称之为一条有向链。若有向链 μ 中的点最多只作为两条弧的端点，则称有向链 μ 为果图（或果结构）的一条有向通道。因果结构任何一点至少存在两个二元闭合系统（即四条弧）相连，故果图中，任何点都至少存在四条有向通道，这种特性我们称为果图（或果结构）的多通道性。由此可见，在以果结构为权力结构的国家，元素的主导社会行为的运行是没有单通道的约束与限制的。这一点，不管是激发元素的主观性能，还是形成整个社会中的公平竞争，都是至关重要的社会条件。例如，在英、法、美、日等发达国家中，任何元素的运行都不存在由树结构决定的单通道性的约束与限制。在社会的统一法规范围内，元素可以根据市场信息而进行多通道的比较与选择。或者说，发达国家中的元素，拥有通道选择的自主权；而在以树结构为权力结构的国家中，元素是不存在这种自主权的。这一差异是不管相应国家的基本社会属性如何的，因这是由结构的类型差异所决定的。

在果结构中，通道仍旧有传递信息的作用。起点与终点，在有向通道中，箭头所指方向的通道端点，称为通道的终点；相反方向的通道端点，称为通道的起点。在（无向）通道中，通道的任何一方可以作为通道的起点，而另一方作为通道的终点；或把运行开始时的通道端点作为起点，把运行方向指向的通道端点作为终点等。

图 2-2 便是某县的果结构图。其中，各乡镇（即图 2-1 中诸 B 点）成为县的直属机构而在图中略去了（这就像各县局、县法院等机关一样）。各村由"股民"①直选村长等产生［如图 2-2（b）所示］。注意：在果结构图中，社会元素已经没有势位势能（其含义见本章第 4 点），都在权力结构中处于平等地位。这种做法也称为"真正让官员接触地气"（指让官员接触基层人民，而去掉树结构体制下的高高在上的"家长制"作风）。这正如中国共产党十八大政治局常委刘云山所说，"接地气才能有底气"②。其中，（正视）图 2-2 也可以画成（俯视）图 2-3：图 2-2（a）变成图 2-3（a），图 2-2（b）变成了图 2-3（b）。在这里，不管是正视图的还是俯视图的果结构图中，最为关键之点：任何权力相关的两点都构成一个"环"，而不是构成一条"线"或一个"枝"。其中，诸（大写的）A、B、C 分别代表某县级、乡镇（或局级）、村级机关或相应机关所辖的个人（两者的区分可以从图上看出来），诸（小写的）d 点便表示个人（股民）。

---

① 潘德斌、颜鹏飞、吴德礼、王长江、赵凯荣、陈国荣等：《中国模式：理想形态及改革路径》，广东人民出版社 2012 年版，第 144—154 页。

② 山旭：《中央常委的人生细节》，载《瞭望东方周刊》2013 年第 1 期。

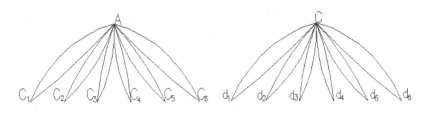

（a）县级机关果结构图　　　　　（b）村级机关果结构图

图 2-2 县级果结构图（图中箭头已去掉）

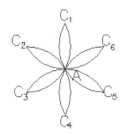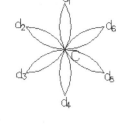

（a）县级机关果结构图　　　　　（b）村级机关果结构图

图 2-3 县级果结构图（图中箭头已去掉）

图 2-2、2-3 显示：①如果乡镇一级直属县级机关，那它与县级机关之间就是直线联系（它属于县级机关内部那个树结构图，但此时图中没有画出来）。②如果乡镇一级不直属于县政府，而要求"股民"直选（如取消村一级建制、把"股份制"范围扩大到乡一级），这时，县级果结构图与此图略有不同，但此处略去了。从这里可以知道：果结构图根据需要是可以有所不同的。

在树结构中，其运行通道是一种单通道，它不具有可选择性，而果结构所决定的运行通道是一种具有选择性的多通道。由于单通道性，就使得有关部门经济、政治、文化、人员等各方面的信息都必须经过同一通道运行，故这种通道的负荷量常常严重超载。而这种超负荷的运行状态又常常使大量的信息被挤掉，使许多信息只能由"小道"传送，这种小道消息就成为法定通道的一种"噪声"——伴生噪声。在果结构决定的多通道中，不但各种通道各司其职，甚至每项内容都存在多条可供选择的通道，这就很好地解决了单通道负荷超重的问题，并极大地排除了"小道消息"等噪声的干扰。

2．信息传输的可靠性及它们的现实差异

在《权力结构论》[①]中，笔者给出了在树结构或果结构下，其信息可靠性的计算公式，并对二者做了比较：树结构条件下的信息传送，其失真率实在太高了；而它远远不如果结构那样好，越是多方传输，其可靠性越接近100%（即更真实）。

除开经济运行之外，运行通道还包括政治、文化与社会的运行等。

单通道与多通道的现实差异很大[②]：由树结构决定的单通道因是唯一"官道"，故使"衙门化"、"官本位意识"，"贿赂关节"、"买通关系"的腐败社会现象都越来越严重。如最近的《人民论坛》[③]指出："曾经一度淡化的官本位现象在当今中国又现回潮之势，并且愈演愈烈。""在《人民论坛》所做的问卷调查中，68.8%的受调查者认为当前官本位现象十分严重；68.5%的受调查者择业时优先选择'党政机关公务员'。"而果结构决定的多通道更加平稳，提高了"守关者"向"过关者""主动服务"的内在动力及其外在质量。从而就使"过关者"把主要精力花费在把握市场信息、提高产品竞争能力以及对不同通道进行择优选择等合理竞争之中，而不是主要花费在"琢磨守关者好恶"、"打通关节"等事务上，这就为消除单通道运行方式的弊端、解除种种不良社会现象奠定了结构性的社会基础。

3．行政审批的"运行"及"寻租空间"的固守

我们知道土地问题的行政审批可以作为一般行政审批的一个实例，而从征地拆迁到土地出让，从缴纳土地出让金到调整用地性质，从规划审批到项目选址，从调整容积率到产权登记，几乎每个环节都存在着权力"寻租"和官商勾

---

① 潘德斌、颜鹏飞、李永忠、潘峰、赵凯荣、唐大斌等：《权力结构论》，人民出版社2013年版。

② 潘德斌、颜鹏飞、吴德礼、王长江、赵凯荣、陈国荣等：《中国模式：理想形态及改革路径》，广东人民出版社2012年版，第166—179页。

③ 人民论坛"特别策划"组：《官本位走向——如何回到群众中去》，载《人民论坛》2012年10月（下），第10—11页。

结现象。可以说，土地的产业链有多长，权钱交易的食物链就有多长。

行政审批过程又可以作为上述经济运行的一个内容。《人民论坛》发表了两篇项目审批过程中，如何产生"寻租"现象及如何挤压"寻租"空间的分析文章。应该说，这两篇文章写得很好，分析也很深刻。但文章作者显然由于没有掌握"权力结构论"的理论基础，致使问题得不到最终意义上的解决，而使我们对中国的"寻租"问题显得无能为力。虽然文章讨论了挤压"寻租"空间的一些方法，但这些方法即使用上了也会冒出"寻租"者的另一些"寻租"对策。总之，在我们的现行体制（更严格地说，应该是在现行权力结构）之下，掌握"绝对权力"①的领导，若他们内心中想要"寻租"的话，其办法总是会有的。

笔者先把论坛发的两文部分摘录如下，然后再做简评。

（1）《审批"寻租"回流：权力的傲慢》②。

浙江大学法学院博士生导师章剑生教授指出，如今的行政审批"寻租"新特点为：①"红头文件"设置行政审批项目呈明显增加和回流趋势。虽然在《中华人民共和国行政许可法》实施之后，我国对"红头文件"进行过一次全面的清理。但是在对"红头文件"尚未形成一个有效监督制度之前，一些地方政府通过"红头文件"使部分被清理的行政审批项目死灰复燃，且这些"红头文件"受到了党政权力的庇护。②行政审批权集中导致集中腐败。由于行政审批中的腐败现象不断被揭开，引发高层制定了一系列反腐败的对策，如审批权向上一级行政机关集中、向少数领导集中。殊不知，这样的行政审批权集中，却容易导致更大的腐败。一个单位中主要领导干部"前赴后继"地腐败，在相当程度上可以说是这种对策的恶果，这也应验了"绝对的权力③产生绝对的腐败"之真理。③收买专家论证意见。在一些需要专家论证的行政审批项目上，行政审批机关与申请方联手收买专家意见，对于收买不成的专家，会找各种借口将他排除在专家组之外。许多建设项目中环境评估报告引发民众强烈抗议，无不与这种腐败有关。这种"联手"腐败严重损害了公共利益和第三人利益，进而也

---

① 这里的"绝对权力"，指在我国现行权力结构——树结构之下的权力，它相对于在果结构体制下的"相对权力"而言，参见前文关于"权力的分类"的论述。

② 章剑生：《审批"寻租"回流：权力的傲慢》，载《人民论坛》2011年9月（上）。

③ 章剑生教授没有对这里所说的"绝对权力"做解释，但笔者估计与前面脚注里提到的"绝对权力"的含义差不多。

影响社会稳定。④透明度、规范化、针对性有待进一步的提高。清理掉的审批项目多是涉及面窄、与百姓生活相关度低的项目，而涉及面宽、与百姓生活息息相关的项目依然不肯放松管理。

章剑生教授说：行政审批存在的问题在于分割部门利益。一些具有管理、经营双重职能的部门，如交通、铁路、民航、银行、保险等，为了维护本部门的垄断利益，不断提升"准入"条件，以排挤竞争对手。民营企业在海洋开发等本已开放的产业领域中遇到的"玻璃门"现象就是一个例证。2010 年国务院颁布了《国务院关于鼓励和引导民间投资健康发展若干意见》，从实际情况看，这个文件只不过是民营企业的一个"画饼"而已。一些地方政府利用"红头文件"设置准运证、准销证等行政审批项目，排挤外地优质产品进入本地。

如果一个企业经营者需要花大量的时间与政府打交道，比如说应酬，那就说明我们的制度有问题，而不是一个政府管得太多的问题。虽然自 2001 年以来行政审批制度改革一波接一波，从公开的报道看，行政审批制度改革也是硕果累累，但是这些仅仅出于行政机关单方面的"报喜"，却不能否定从个案中暴露出来的"寻租"等事实的大量存在。一些党政领导干部利用手中的行政审批权，以权谋私、权钱交易，这几乎成为每一个走上犯罪道路的领导的基本规律。行政审批改革不能止于取消了多少审批项目，而是应当摒弃承载于行政审批之中的权力观点。

为什么行政审批项目一批又一批取消，但一个又一个静悄悄地重新"上岗"呢？根本原因是"管"字当头的权力观念病灶在现有体制中不断复发。当然，这样的现状与中国政府主导型的改革之间具有相当密切的关系。当政府控制了改革进程之后，一些旨在削减（弱）政府权力的改革方案经常在政府工作流程中被梗死。如果政府的职能部门死死守住已有的利益"高地"，并想着法子不断地生出更多的行政审批项目，那么社会将会渐渐死水一潭，失去活力。

章剑生教授最后指出：行政审批是公权介入利益分配的过程，而每一个利益主体在这个过程中都会"求得自己利益的最大化"。行政审批原本是计划经济体制下政府管理经济和资源配置的重要手段，它的诟病主要是权力寻租。在市场经济形成过程中，由于政治体制的严重滞后，政府仍然执"审批"之权不肯松手，并想方设法使其合法化。如在行政许可之外创造出一个"行政审批项目"，以避开《中华人民共和国行政许可法》的规范。这种与市场经济内在逻辑格格不入的制度，竟然被不断强化，实在令人费解。

行政体制改革的滞后，为行政审批中的利益博弈提供了"合法"的空间，而"维稳"的政治观点则进一步强化了行政审批向巩固、扩大行政权力的方向回归。在这两种制度因素尚未消解之前，依附于行政审批之上的利益博弈就不可能被剥去。假如我们今天面对这两种制度性因素感到无能为力的话，那么尝试一下"公开"或许可以产生柳暗花明的效果。将行政审批的过程最大限度地公开于公众的监督之下，或许会让寻租者的利益追逐有所收敛。

（2）《如何挤压行政审批的寻租空间》[①]。

中国人民大学公共管理学院毛寿龙教授指出：行政审批制度改革效果不彰的原因是复杂的。审批项目时缺乏监督就很容易给寻租提供空间，很多规则其实是形同虚设，只是好看而已。比如行政审批大厅有监督机制，有投诉机制，但是企业一般不会去投诉的，因为一旦投诉，可能投诉成功了，但是项目却失败了。所以，这时要做的不是审批流程的规范和监督，而应该是审批结果本身的公开和透明。

毛寿龙教授又说：行政审批是权力寻租，还是公共服务。一线的工作人员没有审批权，不在一线的领导有审批权，行政审批大厅的种种服务流程与监督安排，势必流于形式。而领导在后方，却可以凭自己有限的接触，来随意进行审批。其结果是，行政审批的组织化，往往为了领导的目的服务，而不是为客户服务，依法审批就很容易陷入依领导意志来审批的漩涡之中，寻租的利益链再次编织起来。

领导人可以有权力，但要有审批的岗位。领导和一线工作人员的关系是，一线工作人员有其特定范围内的最高的审批权，而领导岗位也可以有特定范围内最高的审批权或者复核权，但一旦在程序上设了适合领导的审批权和复核权，一线的工作就是辅助性的，责任就是领导的。审批权的岗位化，岗位之间的权力和责任分工明确，相互关系形成一个程序化的关系，就可以约束审批权力的随意性，减少其寻租的空间。

很多地方行政审批大厅，做到了人民和公务员之间的平等理念、平等设施。但是，平等理念、平等设施，要转变为平等的格局，却依然有很大的难度。在这里，公务员即使自称是服务员，他们也依然是公务员，哪怕是自称是人民的

---

① 毛寿龙：《如何挤压行政审批的寻租空间》，载《人民论坛》2011年9月（上）。

公仆，人民也只会伺候他们，而不是让他们来伺候人民。如何真正成为公共服务，却并不是任何措施可以解决的，原因在于这实际上是一种文化：几千年来的官本位文化，似乎在基因里就养成了权力寻租的文化，而不是公共服务的文化。要把物理设施、制度设计、法律条文，转变为公共服务的文化，不可能是一天两天的事情。如果说，审批权力的配置、物理设施的安排，还可以具体努力，但文化的转型却需要等待岁月的蹉跎了。

当然，在市场化、全球化、人口高度流动的现代化社会里，旧的文化在加快消失，新的文化在加速养成。如我国东部地区，人们对权力的追求和看法正在发生很大的变化。毛寿龙教授最后说：显然，在不规范的领导权力介入、不规范的上级权力介入的情况下，寻租的利益链条将不规则地延展开来，更加盘根错节、错综复杂，要砍断它，也更加困难。在这种情况下，最容易想到的做法是，禁止领导权力的介入，这是釜底抽薪的做法，但实际上不可行。因为领导毕竟是领导，他在程序上必须介入一线的审批权，所以，要做的不是禁止而是规范。比如对某项目审批，领导可以打电话，可以递条子，也可以给出自己的建议，但要说明原因，填写相应的文书，以表示他们的意见是认真的、正式的。而一线工作人员的责任依然是自己的，也就是说，领导的意见可以作为参照，但是一旦批准了，领导的意见也依然只是参照，除了错误，责任依然是一线工作人员的。这样，权力和责任就对称了，而且也可以公开监督。

所以，行政审批制度改革，实际上是政府管理权力和责任的配置改革。从政府内部运作来看，各级政府之间的权力和责任，领导和一线审批人员之间岗位权力和责任的关系，都直接关系到审批权力如何正常运作，而且关系到寻租空间的大小。权力和责任对称，层级之间、领导和一线工作人员之间关系明确，权力和责任完整，那么寻租的空间，从制度上来说，就会大大下降，行政审批制度改革也就落实到位了。

（3）简评。

"如何真正成为公共服务，却并不是任何措施可以解决的，原因在于这实际上是一种文化：几千年来的官本位文化，似乎在基因里就养成了权力寻租的文化，而不是公共服务的文化。"毛寿龙教授的这个说法，是说到问题的"痛处"了：在树结构不变的前提下，确实"不是任何措施可以解决的"。而"审批权力的配置、物理设施的安排，还可以具体努力，但文化的转型却需要等待岁月的蹉跎了"。毛寿龙教授在这里又把问题说死了，没有办法了。其实，问题不是这样的。这是因毛寿龙教授等没有掌握"权力结构理论"[①]所致，在"权力结构理论"中，笔者已经证明了：

①任何社会系统，都有它的权力结构（它体现了这个社会系统的质及其功能与机制）。但人类社会中的权力结构，又只有树结构及果结构这两种类型最为基本，它们分别由同权分割法则及异权分割法则而得到。而政府要成为服务型政府的落脚点是"权为民所赋"[②]，即相应社会的权力结构必为果结构（树—果结构也只有在"果"的部分有此功能）。一个社会中，文化与权力结构相比，它只是其相应社会权力结构的附属物，它是附属于一定类型的权力结构而生长的。如中国传统文化就是附属于树结构（或称势能结构），在树结构的功能庇护下得以成长并与这类结构性能相协调的文化，我们称为势能文化[③]。章剑生、毛寿龙两位教授把问题归为中国文化的问题，但没有"追到底"，其实应该是中国社会权力结构是树结构的问题，所以他们未能解决这一问题。

中国传统文化正是在我国两千多年以来树结构的统治之下成长起来的。而树结构的存在，就是一种社会存在，人们正是在这两千多年树结构(培植的文化)的熏陶之下，才慢慢形成（不仅仅是官员才有的）"官本位意识"、"家长意识"、"特权意识"等意识，正是在这些意识之下，才形成如福建省委党校郭为桂教授所说的那样[④]："'为什么中国社会仍然问题不断，党群关系依然紧张，群体事件愈演愈烈？'这是因为'群众路线'本身存在着内在缺陷，当代群众概念更多地继承传统语境下'民'的概念的消极、被动、受治者的含义，在权力结构中处于下者地位，最被领导、被保护、被关爱、被服务、被尊重的。'作

① 潘德斌、颜鹏飞、吴德礼、王长江、赵凯荣、陈国荣等：《中国模式：理想形态及改革路径》，广东人民出版社 2012 年版。

② 习近平：《在中央党校 2010 年秋季开学典礼上的讲话》，载《武汉晚报》2010 年 9 月 7 日。

③ 潘德斌、颜鹏飞、吴德礼、王长江、赵凯荣、陈国荣等：《中国模式：理想形态及改革路径》，广东人民出版社 2012 年版，第 14—17、118—130 页。

④ （记者）汪仲启：《关注发展道路上的重大理论问题》，载《社会科学报》2011 年 8 月 4 日。

为一项根本的政治路线，缺乏基本的制度依托和机制保障，其运作有很强的随意性和偶然性。'"很显然，这里所说的"缺陷"，从根本上就是由树结构所决定的。只有解除了由树结构决定的附属关系（即只有树结构的消失），并建立起相对独立关系（即建立起果结构或稍差一些的树—果结构）时，这些"缺陷"才会消除，才会在大面积上消除郭为桂教授讲的这种在运作中"很强的随意性和偶然性"。而官员"根本原因是'管'字当头的权力观念病灶"，并不是如章剑生教授所说的"在现有体制中不断复发"。[①]因我国现有的权力结构仍旧是传统的树结构，这种"管"字当头的权力观念病灶在我国现实的树结构条件下，已存在两千多年了，而不是"复发"。要消除这种文化的作用影响，不是如毛寿龙教授所说那样没有办法，只有被动地"等待"，而是要积极地对树结构进行类型转换（如最终建立起社会主义的果结构体制）。这时，中国传统文化仍然存在，但它在我国社会中已经不起主导作用了，而人们头脑中已经没有所谓的"官本位意识"、"家长意识"、"特权意识"了。[②]同时，也消除了"当代群众概念更多地继承传统语境下'民'的概念的消极、被动、受治者的含义，在权力结构中处于下者地位，最被领导、被保护、被关爱、被服务、被尊重的"等现象。基本的制度有很强的依托和机制保障能力，其运作几乎没有随意性和偶然性，而官员"'管'字当头的权力观念病灶"也已消失，这就是政治体制（即权力结构）改革的结果。

在这里，需要指出的是，毛寿龙教授在文中说："当然，在市场化、全球化、人口高度流动的现代化社会里，旧的文化在加快消失，新的文化在加速养成。如我国东部地区，人们对权力的追求和看法正在发生很大的变化。"笔者再次强调：他所看到的"东部地区的变化"一定是个假象。没有对树结构的类型进行转换之前，在一个有着极度光环的"势位势能"存在特权就存在的社会中，像毛寿龙教授所说的"人们对权力的追求和看法正在发生很大的变化"是几乎不可能的。

②章剑生教授指出："行政审批原本是计划经济体制下政府管理经济和资源配置的重要手段，它的诟病主要是权力寻租。"这无疑是对的。但他不知道，笔者已在著作中证明：树结构不但不能保障市场经济的良好运行，与社会主义

---

① 章剑生：《审批"寻租"回流：权力的傲慢》，载《人民论坛》2011 年 9 月（上）。

② 见本书第五章。

属性内容（即社会制度的第一层次）也是极不相容的，甚至出现"异化"现象。如社会主义属性内容规定的"人民民主"，但树结构体现出来的却是"为民做主"（即官员为民做主）；而在树结构体制下的"法治"变成了"人治"，树结构还是"官本位现象，特权现象、家长制现象"产生的根源等。

所以，我们当前的"社会主义市场经济"，既有社会主义不足，又有市场经济不够。这种"社会主义市场经济"，常常有许多称谓，如吴敬琏先生称为"权贵市场经济"或"权贵资本主义"，杨继绳先生称为"权力市场经济"，龚益鸣先生称为"官僚资本主义经济"，秋风先生称为"儒家社会主义"，等等。虽然，这些称呼也许并不完整，它们可能只抓住了某个或某几个特点，但我们需要做的是：加强当前这种"社会主义市场经济"的社会主义份额，并同时使市场经济能良好运行、发挥极大作用。笔者在"权力结构理论"中指出并证明了：社会主义体制改革的根本任务是对树结构的类型转换。在果结构体制下，不但能充分体现社会主义属性内容，大面积地消除"腐败"，去掉"官本位、特权、家长制"等现象，极大地增强社会主义的份额，还能够极大地促进市场经济的良好运行。作为从树结构向果结构过渡的树—果结构体制，也能较好地完成上述任务。

最后，毛寿龙教授"规范领导权力介入审批程序"的"权力和责任对称"的改革，以及章剑生教授的"公开"尝试，在树结构不变类型的前提下，写一写文章还是可以的，但要真正去做，却是相当困难的。在树结构之下，就只能是现在这样，大家都糊里糊涂地过日子，哪能有那么多的"权力和责任对称"，以及那么多的"公开"呢？还是郑板桥先生的话管用："难得糊涂"。若树结构类型不变，"寻租"空间也只好固守了。

4．社会运行的分类及树结构、果结构的别称

两个权力相关元素，即指具有相对独立或附属关系的两个元素。很显然，相对独立元素之间存在相互作用，如双方各自实施于对方的权力，就是一种相互作用，它可以使社会很好地做到"和而不同"、健康而持续发展。在具有附属关系的元素之间，是否也存在相互作用呢？回答是肯定的。虽然，在具有附

属关系的元素之间，不可能产生像相对独立元素那样"各自向对方实施权力"的现象，但相互作用现象仍旧是存在的。例如，在以树结构为权力结构的社会中，诸如"上有政策，下有对策"等现象，就是附属元素之间的相互作用现象。这种既要保持表面一致（即"同"），又要"下有对策"（即"不和"的现象），是树结构决定的一种必然现象——"同而不和"现象。由此可见，权力相关元素之间的相互作用，是一种较为普遍的社会现象。像相对独立元素那样，可以"各自向对方实施"的相互作用，称为双向制约的相互作用或双向作用；而像附属元素那样，只存在"一方向另一方实施权力"的相互作用，称为单向制约的相互作用或单向作用。

如图 2-1 中，诸如 A 点、所有的 B 点及所有的 C 点，被认为处于结构中不同的层次，而树结构中，层次高低之差，称为势位差。高势位的层次，有着更高的能量，其元素（如 A）对另一元素（如 B）具有的势位差的能量，称为势能。在以树结构为权力结构的社会中，社会是人们用一级级的势位差堆砌起来的，社会就像一座由"社会元素"堆砌而成的"金字塔"，塔尖者（即树结构中的树根）享有不受任何限制的无穷权力。在以果结构为权力结构的社会中，因没有这种"势位及其势能"的存在，这结构上的各"社会元素"就好像在一张起伏不大的平面上，正是这样，就充分体现了它们在结构上的"地位平等"。这就是我们常说的：各元素在结构上是平等的，这是社会平等的社会基础（或称社会条件）。故笔者总结出如下两点：①元素主要依赖于高势位点势能作用的元素的运行，称为静态运行；②元素主要依赖其（相关法规范围内的）主观能动作用的元素运行，称为动态运行。

有关"树—果结构"及"果—树结构"中的社会运行也可以类似给出，并相应的有所谓的"静—动运行"及"动—静运行"等等，在此就略去了。这就是关于社会运行的一个分类。

权力相关两元素之间的相互作用既然是不同的，它们产生的运行方式也不相同：一个是静态运行方式；一个是动态运行方式。这样运行的过程及结果也一定是不同的，虽然都可以最终达到一种平衡状态，但这两种平衡状态是不同的。我们称通过静态运行而达到的平衡状态为静态平衡，称通过动态运行而达到的平衡状态为动态平衡。在静态运行中，"下有政策"一方在"相互作用"时，通常需要考虑对方的"势位势能"作用在"相互作用"中的作用，而不可能将对方看成具有平等地位的"元素";而在动态运行中"相互作用"的双方,是没有这种"包袱"的。例如,王立军在与薄熙来的"相互作用"中,在法庭上的"陈述"就说明了这一点。王立军对法官说:"法官!假设您知道了您的院长夫人杀人了,您会怎么做?当您向院长汇报了,得到的是斥责、嘴巴,知情干警被非法审查、工作调离后,您又会怎么做?您可能有机会向更上一级领导反映汇报,可我的领导是中央政治局委员,我能怎么做?"①

势能结构的本质特征为:①元素间的运行方式是静态运行;②系统的整体稳定性,主要取决于系统元素之间,在静态运行过程中,由单向作用所形成的一种静态平衡,这种稳定性亦称为系统的静态稳定性。

动态结构的本质特征为:①元素间的运行方式为动态运行;②系统的整体稳定性,主要取决于系统元素之间,在动态运行过程中,由双向作用所形成的一种动态平衡,这种稳定性亦称为系统的动态稳定性。

例如,改革前的中国企业,因它的人员流动、资金融通、信息传递与物资(包括产、供、销)流通都必须严格地按照上级行政管理机关的指令性计划与指令要求进行调动或调拨。故这种企业(看成一个元素)在相应的社会系统中的运行,是一种典型的静态运行。经过三十多年的改革,由于体制中权力结构仍为树结构,"私有制"也是"半拉子私有制",致使民营企业老板被迫附属于"官员",故基本上仍旧是一种静态运行。

又如,英、法、美、日等发达国家中的(私营)企业,因可从事相应社会中统一法则范围内的一切自主活动,而不存在必须按其指令要求而运行的上级行政管理机关,故这种企业在相应社会中的运行,是一种典型的动态运行。

《权力结构论》②一书证明了:树结构与势能结构等价,可以互相称呼;果结构和动能结构等价,可以互相称呼。

如果说,我们把"静态运行"比喻成直流电的"运行状态",那么"动态运行"更多像交流电的"运行状态",这是两类根本不同的"运行状态"。我们已经证明:只有果结构支撑起来的国家的"运行状态",才能使市场经济良

---

① 孙大午:《王立军精彩的法庭陈述》,载网易微博,2012 年 11 月 10 日。

② 潘德斌、颜鹏飞、李永忠、潘峰、赵凯荣、唐大斌等:《权力结构论》,人民出版社 2013 年版。

好运行①，从而结束由树结构支撑的"权力市场经济"或"权贵市场经济"时代。

5．社会控制的意义及其分类

关于社会控制的定义，目前有好几种说法。例如：①社会控制就是对付那些与社会期望不协调的行为所采取的措施（日本：横山宁夫定义）；②社会控制，就是社会力量以某种方式或手段，协调制约人们的活动，维持社会秩序的过程（穆怀中定义）。

第一种定义主要从社会控制的手段来定义社会控制。当然，横山宁夫所说的控制手段是不完备的，因社会控制手段不仅仅只有组织措施一项，如约定俗成的习俗、规范都常成为社会控制的重要手段，但组织措施无疑是其中最重要的控制手段。第二种定义主要从社会控制的过程来描绘社会控制。

其实，社会控制是一种手段的观点，是要求对社会系统中一些元素的做法而言的，从总体上讲，它应该是相应社会系统的一种功能与机制。所以，笔者认为：所谓"社会控制"，即指社会系统表现于社会控制过程中的一种整体性功能与机制；而所谓"社会控制过程"，就是一些元素以某种方式和手段，协调和制约其他元素的主导社会行为，以维持社会的有序运行及其稳定性的过程。在现代社会中，控制别人的元素，也应受到控制。故现代社会的控制，也常称为社会系统的控制功能的发挥过程。

在人类社会中，最基本的社会控制控制方式有如下两类：①脆性控制，其特征为一方对另一方的单向控制；②弹性控制，其本质特征为双方相互控制，但通常在一定的环境中又分成主控方和次控方。

社会控制通道同于前述的社会运行通道。为了进行有效控制，必须得到充分可靠的信息反馈，因而必须建立相应的信息及反馈通道。这一点对任何控制方式都相同，但不同的控制方式通常亦有不同的信息、反馈通道。如脆性控制的信息、反馈通道是由树结构决定的单通道，而弹性控制的信息、反馈通道则是由果结构决定的多通道，等等。

---

① 潘德斌、颜鹏飞、吴德礼、王长江、赵凯荣、陈国荣等：《中国模式：理想形态及改革路径》，广东人民出版社2012年版，第160—161、166—179页。

决定社会控制功能好坏的根本因素是权力结构的类型。其中，就控制功能而言，树结构最差，而果结构最好，其余介于两者之间。[1] 以树结构为权力结构的社会是"人治"社会，以果结构为权力结构的社会才是法治社会，而以树—果结构（或果—树结构）为权力结构的社会是"半人治半法治"的社会。

6．我们究竟需要什么样的人才？

北京大学生物学院院长饶毅教授指出[2]：中国近几十年来，虽然总体进步很多，却出现钱学森先生之问——现代中国几十年为什么不能出现杰出人物？很重要的一个原因是文化上有重大缺陷。

美国文化希望青年有自信、有特长，提倡"创新"；中国文化希望青年要成熟、要聪明，提倡"识相"。美国的盖茨、乔布斯等大都在年轻的时候，得到环境的允许、社会的鼓励，意气风发、左冲右突，打拼出一条新道路。没谁强求十几二十岁的盖茨、乔布斯等人学会待人接物的圆滑世故，他们在这些方面大不如一般中国青年。社会不要求他们在年纪大的人或权威面前"识相"，而允许他们尊重真理、尊重企业发展规律、全力追求创新。如果年轻人做得好，他们的标新立异被鼓励，没人纠缠他们为人是否乖巧，处事是否灵活。

中国文化的常规是大家把"循规蹈矩"从合理的理性行为延伸到不要创新，把"尊师重道"从合理的待人接物延伸到畏上畏老而不尊重真理，把"成熟聪明"的合理智力要求延伸为无原则的圆滑。这种文化初看起来有道理，实际上是压抑人才成长、导致庸才过多的"良方"，特别是限制和大量减少了优秀人才的产生、培养、发展和发挥。

我们需要什么样的人才？这是一个重要的问题，是继续坚持要人才"做人"，花相当多时间在专业以外游刃于人际关系网，还是希望越来越多的人"做事"向前走，将智识、精力和时间集中于使自己在专业上达到和维持世界一流水平？

---

① 潘德斌、颜鹏飞、吴德礼、王长江、赵凯荣、陈国荣等：《中国模式：理想形态及改革路径》，广东人民出版社 2012 年版，第 32—43 页。

② 饶毅：《我们需要什么样的人才》，载《民主与科学》2012 年第 3 期。

简评如下：饶毅教授的《我们需要什么样的人才》写得相当好，把中国存在的问题归结为中国文化的问题也算还可以（虽然不是根本原因，但已是人们目前的最深认识了）。作为一个自然科学家，他有这种认识是深刻的，也是极不容易的。但是，为什么中国有这种文化而美国却有那种文化呢？中国这种文化有改造的可能吗？如何才能改造呢？总之，中国还有希望吗？《中国模式：理想形态及改革路径》[①]、《权力结构论》[②]中的理论，可以对上面提出的所有问题都给出肯定的答案。

（1）以前，我们不知道一个国家中占据主流的文化，与它的权力结构类型是紧密相关的。如中国主流文化就是生长在树结构之下的文化，而美国主流文化却是生长在果结构之下的文化。反之，在树结构之下的文化也就是我们看到的中国主流文化，而在果结构之下的文化也就是人们看到的美国主流文化。虽然在不同时期，主流文化有着它的历史痕迹，如中国封建社会时期，"唯上意识"这种由树结构决定的"势能观点"及宣扬这种观点的"势能文化"，有强烈的"忠君意识"存在。社会主义现实社会中，"唯上意识"中已没有了这种"忠君意识"，但它们由树结构决定的本质是一样的。而所谓的美国主流文化，也是在近几百年中形成的，其根源也是在美利坚权力结构——果结构建立之后逐步完成的。

（2）中国社会由于其由树结构决定，所以它是一个讲究"身份"的社会，又由于它是一个"人治"社会，人的社会地位、财富乃至人生命运等都主要由别人——年纪大的人或权威来决定。只要看一看构造出树结构的"同权分割法"就明白了：连能否有良好的"工作空间"（如职称评定、经费支持等）的大小都主要由别人决定。所以，"中国文化希望青年要成熟、要聪明，提倡'识相'"，然而，因在"人治"社会中，不同的人对"识相"的标准是不相同的：如面对同样的"循规蹈矩"、"尊师重道"或"成熟聪明"，不同的人就有不同的标准与看法。有人认为是"循规蹈矩"、"尊师重道"或"成熟聪明"，但他人可能认为远远不够，"人治"社会一般是难于满足任何人的要求的。于是，人

---

① 潘德斌、颜鹏飞、吴德礼、王长江、赵凯荣、陈国荣等：《中国模式：理想形态及改革路径》，广东人民出版社 2012 年版，第 32—43 页。

② 潘德斌、颜鹏飞、李永忠、潘峰、赵凯荣、唐大斌等：《权力结构论》，人民出版社 2013 年版。

们只好按照饶毅教授所讲的那样："把'循规蹈矩'从合理的理性行为延伸到不要创新，把'尊师重道'从合理的待人接物延伸到畏上畏老而不尊重真理，把'成熟聪明'的合理智力要求延伸为无原则的圆滑。"这样做的目的，就是要尽量做到让不同的人都觉得自己是"识相"的呢！再说，由于树结构不具有使中国文化注入科学精神的功能（本书第一章第7点），在中国文化中不"尊重真理"，自然是理所当然了。说句不适合中国文化的话，像饶毅这样，把中国文化的这些"秘密"抖出来，就是最大的不"识相"了。当然，我们在这里对此评头论足，也算是极不"识相"了，但为了中国向好的方向发展，我们也只好不"识相"了。

（3）饶毅讲道"中国近几十年来，虽然总体进步很多"，这的确是事实。这是因为在近几十年来，在社会制度的三个层次中，我们对第三层次即"法规细则"层次做了一系列的改革所致，如支持海外留学措施等，这是"总体进步"的原因。但是社会制度中的第二层次，即"权力结构"层次，才是社会系统的根本层次：它是社会制度属性内容的主要体现层次，是社会运行与控制等主要的功能与机制、文化模式的产生的关键层次。而在近几十年中，由于我们的权力结构类型没变，仍旧是传统的树结构，故我们的社会主义社会的优越性体现不足（如本章第3点所说），文化模式也依旧（指主流依然是"势能文化"模式），这就是饶毅教授所感到的。

饶毅教授没有感到的是：随着这些年所谓的"加大改革力度"，在"法规细则"层次内，把一些"法规细则"加大到超越"权力结构的类型决定的法规细则的宽窄限度"。① 这就使事物走向了人们希望的反面，如坚持在树结构之下的"人才流动"政策，结果只能导致真正的"人才"在原单位中由于与领导关系僵化而被迫流动，而原单位却不能形成活力四射的"新班子"。又如，本来在树结构体制的控制中，对下属单位几乎都没有多少控制力（注：只有"上级对下级"这种微弱的控制，但上级对下级的态度往往又是"疑人不用，用人不疑"的，就使社会的控制力弱得不能再弱了），而现在在"法规细则"层次内，又把许多对"下级"的"德性"要求也忽略了，这就加速造成了各种"诚信缺失、道德低下"的社会现象。

---

① 潘德斌、颜鹏飞、吴德礼、王长江、赵凯荣、陈国荣等：《中国模式：理想形态及改革路径》，广东人民出版社2012年版，第84—86页。

总之，从各个方面来看，中国已适合于权力结构的类型转换（即结构改革）了。没有结构改革，中国就不能崛起，就不能真正的崛起。

7. 分清亨廷顿"官场哲学"的合理部分

安慧发表文章[①]指出："腐败有益论"和"反腐适度论"已成为我国反腐倡廉的思想障碍。目前，一种典型的说法是，腐败并不影响我国 GDP 每年以接近两位数的增长，更有甚者认为腐败有利于社会稳定。这种观点源自亨廷顿在 1968 年写的《变动社会中的政治秩序》[②]一书。其观点是：在经济初期发展阶段，在市场体制尚未健全、政府对经济事务干涉过多的情况下，一定程度的腐败对经济成长会有正面作用，不失为一种现代化的润滑剂。

安慧继续指出：亨廷顿这套"官场哲学"，显然是十分有害的。腐败是社会生产力的破坏力量，而且破坏了社会公平和正义，严重侵蚀社会道德和人们的精神世界。腐败绝不是现代化的润滑剂，而是现代化的绊脚石。

简评如下：亨廷顿是一位生活在果结构体制下的学者，而他本人是没有权力结构和分类概念以及理论的，他的著作中也不会有有关权力结构论所涉及的内容。或者说，他的理论是自然建立在资本主义体制上的，即是包含在以果结构为权力结构的体制之上的。当然，对于"果结构"的这些内容而言（包括资本主义体制是建立在果结构之上的等），他的书上是"默认"的。用笔者的话（更准确地）说：他的理论是指已建立在果结构体制上自然而言来立说的。也就是说，他所说的"在经济初期发展阶段，在市场体制尚未健全、政府对经济事务干涉过多的情况下"是指"已经建立在果结构之下，由于体制的'法规细则'层次'尚未健全——诸如法律尚未健全等（这是必然的），需要继续立法等的情况之下'"，而如果在此时，政府对经济事务干涉过多的情况下，产生的"一定程度的腐败"，这"对经济成长会有正面作用，不失为一种现代化的润滑剂"。

---

①　安慧：《亨廷顿的"官场哲学"》，载《中国青年报》2012 年 10 月 22 日。

②　[美]萨缪尔·P·亨廷顿：《变动社会中的政治秩序》，王冠华、刘为译，上海人民出版社 2008 年版。

事实上，从权力结构论可以知道，腐败的产生主要来自于体制的两个层次：权力结构层次及法规细则层次。因而腐败也分为两类：前者主要是因权力结构中缺乏权力监督、约束等功能而产生的一类腐败现象；而后者是权力结构并不缺乏权力监督、约束等功能，腐败者全靠钻"法规细则"漏洞而产生的一类腐败现象。来自于权力结构层次的腐败，往往是金额巨大的、（在社会上）较普遍存在的、与势位的高低和势能的大小往往正相关的，等等，这样的腐败，我们称为结构型腐败；而主要来自于法规细则层次的腐败，往往金额不是很大，案情情况（在社会上）也较独特而非普遍，与势位势能基本上没有关系。这样的腐败，称为非结构型的腐败或政策性的腐败。

我国现存的腐败主要是结构型的腐败，而亨廷顿所说的腐败主要是非结构型的腐败。按照亨廷顿的本意，是对这种"非结构型的腐败"来说的，即"在经济初期发展阶段，在市场体制尚未健全、政府对经济事务干涉过多的情况下，一定程度的腐败对经济成长会有正面作用，不失为一种现代化的润滑剂"。在这种状态下，这种说法当然是有一定合理性的。但对我国现实的腐败——主要是结构型的腐败而言，却应该坚决地、毫不客气地消除之。对于我国现存的结构型的腐败，安慧的说法当然是正解的。而笔者主张的"结构改革"，就是要在大面积上消除这种"腐败"的根本措施，而不仅仅是处理几个人的这种"对人的革命"又不能解决社会普遍问题的方法。只有这种"结构改革"，才是对人（包括后来可能要犯"结构腐败"的人）的一种真正的保护与解脱，对他们今后可能产生的"腐败"的一种真正的预防。如山东大学教授盛洪指出："薄熙来实际上是这个制度的受害者。在这个制度下，一旦升到某个行政层级，就会处于一个扭曲人性的环境中——听不到批评，错误可以掩盖，犯罪可以灭迹，却有一片颂扬之声，从而完全失去一个正常人的判断。"[1]因权力结构理论已证明了全国政协副主席李金华的观点是对的，"腐败问题归根结底还是体制和制度上的问题，在权力过分集中、缺少制衡机制的形势下，光依靠领导干部的廉洁、清明，很难真正遏制腐败现象的蔓延"[2]。

1993年，德国柏林成立了一个"国际透明组织"（以下简称"透明国际"），这是一个非政府、非盈利的国际性民间组织，它以推动国际和各国的反腐败活

---

[1] 盛洪：载网易微博，2012年9月30日。

[2] 李金华：载网易微博，2012年11月8日。

动为宗旨，是目前公认的研究腐败问题较权威、全面和准确的国际机构，其研究成果经常被其他权威国际机构反复引用。"透明国际"用 10 分制来表示一个国家（或地区）的清廉指数（或腐败指数），10 分为最高分，表示最清廉，0 分为最腐败。8.0—10 分表示比较清廉；5.0—8.0 分为轻度腐败；2.5—5.0 分为腐败较严重；0—2.5 分为极端腐败。例如，《2010 年全球反腐败年度报告》[①]中对总共 178 个国家或地区进行了评估。其中，排在前列的有：丹麦（9.3）、新西兰（9.3）、新加坡（9.3）、芬兰（9.2）、瑞典（9.2）、加拿大（8.9）、荷兰（8.8）、澳大利亚（8.7）、瑞士（8.7）、挪威（8.6）等等；美国（7.1）第 22 位、英国（7.6）第 20 位、法国（6.8）第 25 位、德国（7.5）第 15 位、日本（7.8）第 17 位；中国（3.5）排在第 78 位。

由以上数据可以看出：即使是建立了果结构体制的国家，也没有完全消除腐败，但它们已在社会的大面积或较大面积上消除了腐败。如果把这类果结构建立在社会主义属性内容之下，消除腐败的效果将会更加完好。

8．"海归"回国究竟该走哪条路？

中国社会科学院美国研究所原所长资中筠教授指出："有些'海归'不满意在国外的地位，回来谋求个人的发展，不但不能推动社会前进，而且有意投权势之所好，与潜规则同流合污。由于其特殊身份有更大的话语权，比钱理群教授所提到的那种中国大学生可能起到阻碍中国社会进步的作用还要严重。"[②]

资中筠教授讲的确实有道理。但我们的现实存在是树结构体制的存在，而在这个体制中，"权力"几乎决定了一切。这正如文唏所言："权力决定社会地位，权力决定财富分配，权力决定人生命运，可谓是我们这个时代最典型的'中国特色'，如何打破这一模式，将政府权力束缚在一个合适的'笼子'里，本书给出了极有价值的探讨和思考。"[③]而树结构的存在（它已经在我国社会中存在两千多年了），就是一种最大意义上的社会存在，它决定人们的思想意

---

① 此数据来自"透明国际"官网，www.transparency.org。

② 资中筠：载网易微博，2012 年 11 月 13 日。

③ 潘德斌、颜鹏飞、吴德礼、王长江、赵凯荣、陈国荣等：《中国模式：理想形态及改革路径》，广东人民出版社 2012 年版，封底。

识，从而决定人的行为与走向。我国社会的"官本位"、"特权"、"家长制"等意识存在的根源就在于树结构的存在。所以，在树结构存在的前提下，一些"海归""有意投权势之所好"是有一定道理的。至于他们"与潜规则同流合污"，我想大多也是出于无奈：因"要消除'潜规则'，必须变革树结构类型"[①]，而树结构类型眼下不是还没变吗？这怎么好说我们运用一下这"现实存在的客观规律"有什么错误呢？

《中国模式：理想形态及改革路径》一书已经证明：中国的落后，是其社会系统的整体结构——权力结构为树结构的落后。我国已经使用了两千多年以来的树结构体制，同西方在近几百年才建立起来的果结构体制相比，实在是太落后了。所以，在树结构得到类型转换之前，过多地指责某些"海归"的行为是没有多少用处的。相反，这种"海归"是"聪明人"，是前述饶毅文章《我们需要什么样的人才》中"识相"的人。中国这种树结构确定的"选人用人"机制，就是这种"识相"机制，当然，它也是一种"优汰劣胜"机制。这种机制使真正优秀的人才难于"冒"出来。不是这样，我们国家的树结构体制，能保留两千多年不变吗？特别是，经过1949年以来的社会主义革命的冲锋，三十多年以来的中国特色社会主义的冲击，连革命性极强的马克思主义都拿它没有办法，致使我们现在保留的仍旧是中国传统的树结构体制。

就算没有这批"识相"的"海归"存在，只要树结构类型不变，"官本位"等意识就永远支撑着广大的中国人（而不仅仅是部分"海归"人员）去"攀登权力的金字塔，享受权力的福祉"[②]。如在本书第五章就论述道：由于树结构体制支撑下的"官本位"等意识的存在，致使社会主义核心价值体系都难以在中国形成。在这里，我们深深地感到：朱文通先生的一段话感人至深，他说："感到本书（指笔者的新书《中国模式：理想形态及改革路径》——笔者注）很震撼，首先是该书作者对现实问题的高度关注，在踏踏实实地做事，思考非常严肃的学术问题，给出具体的可以操作的路径，这是对现实的深层次关注和研究，应该说切中要害。作者的治学精神值得大力提倡和发扬，因为很多知识分子的良心也已经腐败了，缺乏超越功利的务实精神，甚至狗苟蝇营；或者一味不满、

---

① 潘德斌、颜鹏飞、吴德礼、王长江、赵凯荣、陈国荣等：《中国模式：理想形态及改革路径》，广东人民出版社2012年版，第17—18页。

② 王晓华：《学术失魂实乃体制综合症》，载《社会科学报》2010年12月2日。

指责、批评，于事无补。问题都摆在那儿，问题是怎么认识和怎么解决；回避问题的下场，除了等死，还有什么？关于这一点，恐怕大家都心知肚明，但是在利益面前大多数的人宁要蝇头小利，也不肯拔一毛而有利于改革。近来我开始怀疑所谓的东方智慧，但本书却有益于重建对学术和智慧的信心。"[1] 在这里，笔者要再次强调，仅仅满足于对部分"海归"或其他任何人员的"不满、指责、批评"，甚至还包括"恳求、规劝、希望"等等，都是"于事无补"的。只有改革这两千多年以来的树结构体制，中国才有真正的希望与未来。

当然，资中筠教授是令人尊敬的。笔者以上的说法并不存在对资中筠教授的批评等问题（笔者也没有批评她的权利），而只是想借此说明，对树结构的改革更显根本。因只要树结构存在，就有势位势能存在，就会有攀登"势位势能"的人存在，就会有尽量"省力而上"的人存在，等等，所以，不要人们攀登"势位势能"的最好方法，就是去掉树结构的存在，建立起社会主义的果结构体制。据传，"当代书画市场'以官论价'"[2]，诚若是，说明对"势位势能"的攀登之势已进入我国的书画市场了。从这里，难道你还看不出这类在我国沿袭了两千多年的树结构体制对中国整体的伤害吗？

（楚渔　余文平）

---

① 潘德斌、颜鹏飞、吴德礼、王长江、赵凯荣、陈国荣等：《中国模式：理想形态及改革路径》，广东人民出版社 2012 年版，"专家推荐"第 1 页。

② 载《21 世纪经济报道》2013 年 1 月 31 日。

第三章　社会秩序与新政治观讨论

1．社会秩序的含义、显秩序与隐秩序

（1）社会秩序。一般来说，秩序乃指系统（运动）状态的某种规则性。如交通秩序，即指关于"交通系统"状态的某种规则性；又如会场（商场、球场）秩序，乃指关于会场（商场、球场）状态的某种规则性，从中都可以看成某些"社会秩序"。但社会秩序，并不仅仅指交通秩序、会场秩序等或它们的总和，而主要是就整个社会系统而言的深层秩序。

那么，什么是社会秩序呢？《云五社会科学大辞典（社会学）》对此的解释为："社会秩序是人类互动的状态或结果，而这种状态或结果必须是可客观认知的。"

由经验不难看出：任何有秩序的社会活动（不管是经济的、政治的、文化的，还是日常生活中的基本活动），其运动状态都包含如下两个共同点：①含有该项活动的（法定）通道。如在上述交通、会场、商场、球场的秩序活动中，交通路线、场所的座次（如球场的看台）等就构成了这些活动的通道。而在社会中有关人、财、物或信息的秩序运动（如人的流动、财的融通、物的流通、信息的传送），都含有如本书第二章所说的由权力结构决定的社会运行通道及控制通道。②含有与通道相应的有关由权力结构决定的社会运行通道及控制通道活动的法规细则。如有关交通、会场、商场、球场等秩序活动的法规细则，有关人、财、物及信息等秩序运动的法规细则，等等。

反过来，人们也把严格遵循以上两点的某项社会活动看成是一项非常有秩

序的社会状态。因此，笔者认为，所谓"社会秩序"，乃指由某社会系统中各项社会活动（法定）的通道及相应的法规细则共同形成的有规则的社会（运动）状态。显然，这两点都是"可客观认识的"。

需要提出的是：笔者这里定义的社会秩序，比以前定义的种种说法有更好的"可客观认识的"：①明确指出了社会秩序应有的通道，即交通路线、场所的座次（如球场的看台）等构成的通道，以及由权力结构决定的社会运行通道及控制通道（它们是同一通道）。这种通道是可以由我们对它进行"可客观认识"后而进行描述与刻画，还可以用图描绘出来。②有明确的通行、控制规则，如交通规则，又如人们在经济、政治乃至于人在这社会中如何成长等（运行与控制）通道规则，等等。

（2）显秩序与隐秩序。在量子力学中，玻姆（D. Bohm）首先提出了"隐秩序"的概念。玻姆及其后继者们认为：显秩序可能是对处于更深层次上的隐秩序的一种显化，因而对秩序的研究不能仅仅停留在显秩序上。

在社会秩序中，也有显秩序和隐秩序之分，它们的主要区别在于其通道的构成材料的不同。一般来说，凡通道不是由相应社会的运行通道构成的社会秩序，则是一种显秩序；凡通道是由相应社会的运行通道构成的社会秩序，则是一种隐秩序。显秩序与隐秩序也分别简称为显序与隐序。

例如，笔者在前面提到的交通秩序、会场秩序、商场秩序或球场秩序等，因其通道常常由一种实物态物质（如道路、座位等）构成，故它们都是一些显序。而人、财、物或信息的通道的流通（或传送）秩序，则是一种由相应社会的运行通道构成通道的隐序。

一般来说，显序较为简单直观，具有局部性；而隐序并不简单直观，且往往具有全局性。显序是隐序的一种显化，而隐序是决定显序的深层次动因。

2．社会秩序的分类及应用

社会隐序对社会系统的整体性社会秩序起着决定性全局作用，而显序对整个社会秩序只起着非决定性局部作用，且显序作用（相当于隐序而言）极其微小。因此，在以下的讨论中，我们常把显序忽略不计，而把隐序看成整个社会的社会秩序。

由于社会秩序主要指其隐序，而隐序的差别又主要取决于不同（类）社会通道，并由不同（类）权力结构所决定。所以，我们对社会秩序的类型划分，主要以相应社会的权力结构类型为依据，且把与树结构、果结构、树—果结构等权力结构相对应的社会秩序，分别称为（社会）树序、（社会）果序、（社会）树—果序、（社会）果—树序等等。

树序是与计划经济相协调的（经济）秩序，能促进计划经济的良好运行；果序是与市场经济相协调的（经济）秩序，能促进市场经济的良好运行。① 但三十多年的改革，我们却把市场经济嫁接在树序之上，这成了市场经济不能良好运行的根源。现在看来，必须建立市场经济秩序，才能同时引入市场经济。如果说，经济是基础，而经济秩序的建立则是基础的基础，没有秩序的经济是不能持续与发展的。笔者在《中国模式：理想形态及改革路径》中已证明：只有果序的确立，我们才能在中国真正地引入"市场经济"。而三十多年来，我们只是"漂学"了西方的"市场经济"。

3．关于新政治观的讨论

《人民论坛》近期举办的新政治观的讨论是及时的，收获不小。如清华大学马克思主义学院韩冬雪教授认为"新政治观是以对传统的解构扬弃为前提"② 的观点就是对的。我们正是抓住了体制的本质层次——权力结构，并进行了分类，从而解析了树结构、树—果结构、果结构等的构建、功能（包括机制）、与社会生产（如计划经济或市场经济）的适应性、与社会主流文化的相容性、与法治社会的相关性以及它们之间的转换条件，等等。最后，我们扬弃了传统的树结构，保留了现代化的果结构。

中国人民大学国际关系学院周淑真教授的研究更是与我们接近，她说："必须认识对自身组织进行改造的重要性，以更符合时代的组织结构和构成体系，

---

① 潘德斌、颜鹏飞、吴德礼、王长江、赵凯荣、陈国荣等：《中国模式：理想形态及改革路径》，广东人民出版社 2012 年版。

② 韩冬雪：《政治观革新：理论解构与自主建构》，载《人民论坛》2012 年 11 月（上）。

以党内民主的各项制度机制的实践和创新，创造出活力健全的机体。一个政党的影响和能力不是总与党员的人数成正比，苏联共产党垮台就深刻说明了这一点。执政党的组织建设应以权力结构得到改善为出发点……而在制度机制上，要改变现在某些带有'官本位'色彩的做法和规定。"①周淑真教授这里所讲的就是笔者所要讲的：要进行权力结构的类型转换，即结构改革，以清除"官本位"等做法、规定及观念。

而中国纪检监察学院副院长李永忠同志更上一层楼，自从他接受权力结构论之后，一直大力宣传这一理念。他说："党和国家领导制度的改革，其核心就是改革权力结构！通过权力结构改革，可以实现权力分解与权力制衡，那些权钱、权色、权权交易的坏人，则无法任意横行；那些易发多发的腐败，就可以得到有效遏制！通过分期分批的民主选举……以有效预防腐败。"②而这些正是笔者"权力结构论"的部分观点。

在此，值得特别一提的是：在笔者的研究中，始终"把坚持党的领导、人民当家做主和依法治国有机地联系起来"（江泽民语）。在《中国模式：理想形态及改革路径》一书中，笔者还专门介绍了如何坚持在中国共产党领导下的"东方式民主"③体制。

政治观是指某国家（或地区）系统内，人们对（作为整体的）政治问题的总看法、总观念；而新政治观即对政治问题的新看法。《中国模式：理想形态及改革路径》一书主要介绍的理论就是权力结构论④，可以说是社会主义（特别包括制度建设）的全新理论、全新的政治观。

例如，新理论发现：任何国家制度都包含一个在传统的"制度"概念中没有的"权力结构"层次，如我国及前"苏联模式"的社会主义各国的权力结构都是树结构，而西方的四大块体制——君主立宪制（如英国）、民主共和制（如法国）、联邦共和制（如美国）及民主社会主义制（如北欧），其权力结构均为果结构。而一个国家所拥有的各项社会功能（包括机制），如发达国家体现

①　周淑真：《亟待研究政党变革的深层逻辑》，载《人民论坛》2012年11月（上）。

②　李永忠：《十八大后制度反腐展望》，载《人民论坛》2012年11月（下）。

③　潘德斌、颜鹏飞、吴德礼、王长江、赵凯荣、陈国荣等：《中国模式：理想形态及改革路径》，广东人民出版社2012年版，第131—143页。

④　李永忠：《十八大后制度反腐展望》，载《人民论坛》2012年11月（下）。

出来的"民主、法治、自由、人权、平等"等，其实主要是这些国家的权力结构（即果结构）所显示出来的社会功能，而"我们今天在民主的某些形式上还未能高于西方民主"①的根源，也主要就是我们国家现实的权力结构（即树结构）根本就没有这类社会功能所致。其实，一个国家的权力结构不同类型，反映的是国家制度的社会功能的强弱以及这个国家是否具有现代性或是传统性等等，如树结构表示相应国家的传统性，而果结构代表相应国家的现代性。它们与国家的社会属性内容如"姓社"或"姓资"没有关联（如中国封建社会制度与我们伟大的社会主义社会制度都采用的树结构体制就说明了这一点）。

把社会主义镶定在传统的树结构之上而一层不变的想法，既可笑又不现实。因从树结构向果结构的演变，是必然的、不以人的意志为转移的。若这种演变不在社会主义条件下发生（即我们说的"结构改革"），就一定会在资本主义条件下发生（即"资本主义社会复辟"）。资本主义社会是可以超越的，但果结构体制的社会却是必然到来的，不可超越的。这都是《中国模式：理想形态及改革路径》中的结论。但在传统的"社会主义理论"中，却把对这一问题的探讨，变成了"姓社"或"姓资"的争论（即认为社会主义制度是天然的树结构体制，而资本主义是天然的果结构体制等），是牛头不对马嘴。从这里也可以看出：传统的社会主义理论尚处于不能自圆其说、一片混乱的状态中，它坚守的"社会主义国家的权力结构只能是树结构"的观点，就相当于说：已经过时的"苏联模式"是唯一正确的社会主义模式（因"苏联模式"的本质也就是权力结构为树结构）。当然，据我们所知："坚守"这一观点的同志，他们中的绝大多数人是因为对权力结构理论缺乏了解所致，而一旦了解了这一理论之后，他们就会自动放弃原有的想法的，这当然是可以理解的。

又如，人们常说：要彻底清算"文化大革命"。怎么清算？怎样才算彻底清算呢？这些问题不解决，清算"文化大革命"只能是说说而已罢了。权力结构论就很好地解决了这一问题，邓小平指出："斯大林严重破坏社会主义法制，毛泽东同志就说过，这样的事件在英、法、美这样的西方国家不可能发生。他虽然认识到这一点，但是由于没有在实际上解决领导制度问题以及其他一些原

---

① 侯惠勤：《以真理打破幻想——我们为什么必须批判"普世价值观"》，载《中国社会科学院报》2009 年 11 月 30 日。

因，仍然导致了'文化大革命'的十年浩劫。"①毛泽东当时的"略有察觉"，使我们整整研究了三十多年。我们发现：树结构是产生"文化大革命"的基础，没有权力结构为树结构的体制，中国就爆发不了"文化大革命"。而要彻底清算"文化大革命"，最彻底的方式就是进行树结构的类型转换，使我们最终建立起社会主义的果结构体制来。

权力结构论，也就是王沪宁同志希望根绝"文化大革命"、着手政改的"政治技术"②法则。

由本书第一章第7点可以知道：要在中国最彻底地铲除中国封建社会的"痕迹"及"余毒"，也只有进行树结构的类型转换，以及最终建立起社会主义的果结构体制。

在庆祝"中国特色社会主义法律体系形成"会议上，全国人大常委会法制工作委员会副主任信春鹰指出："法律的生命在于实施。形成中国特色社会主义法律体系，不在于写在纸上的法律有多少部，而在于社会生活实现了有法可依。从纸上的规范到现实的法律秩序，我们还有很长的路要走。一个法治社会是社会关系主体的权利义务与法律规范设定的权利义务高度一致的社会，有法必依，执法必严，违法必究，切实保障宪法和法律的有效实施，将是一项更为长期和艰巨的任务。"③这段话深刻地表明，我们还没有解决法治国家的根本问题，即法律要怎样才能实施的问题，这是"一项更为长期和艰巨的任务"。在《中国模式：理想形态及改革路径》第十五章中已证明：在我国现实的树结构条件下，根本不能建成一个法治社会。而建立法治社会的前提，在于通过结构的类型转换。至于如何转换等，笔者在书中给出了法治社会的构建法则。

人们看到市场经济在发达国家良好运行的现象，就盲目地把它引入到中国，企图建立起社会主义市场经济。殊不知：市场经济只能在果结构为权力结构的发达国家良好运行，在以树结构为权力结构的中国现实社会中根本不能良好运行。这正如全国资本论研究会副会长、南开大学经济学教授张盼玉在推荐

① 《邓小平文选》（第二卷），人民出版社1994年版，第333页。

② 王沪宁：《着手政改，必须对"文革"有深刻反思》，载人民网、环球网，2012年3月1日。

③ 信春鹰：《中国特色社会主义法律体系形成意义深远》，载《法制日报》2011年3月11日。

《中国模式：理想形态及改革路径》时所说："吴敬链先生说：'在我国改革的早期阶段，包括我本人在内的不少市场取向改革的支持者都认为，只要放开了市场，就能保证经济的昌盛和人民的幸福，而没有认识到市场的运行是需要一系列其他制度的支撑的。没有这种支撑，市场经济就会陷入混乱与腐败之中。所谓好的市场经济是建立在公正、透明的游戏规则之上的，即法治的市场经济。'本书彻底解决了支持市场经济良好运行的'其他制度'的充要条件，就是这个社会的权力结构类型必须是果结构类型，并给出了建立'法治社会'的法则。"①

人类社会的腐败可分为结构性的腐败及非结构性的腐败（后者又称为政策性的腐败）两大类。前者是主要因权力结构中缺乏权力监督、约束等功能而产生的一类腐败现象；而后者是权力结构并不缺乏权力监督、约束等功能，腐败者全靠钻"法规细则"漏洞而产生的一类腐败现象。在本书第二章，笔者在现象上对它们做了一般性的区别。

本书已证明了，我国当前的腐败主要是结构性腐败。所以，我们通过"结构改革"的主张，可以在大面积上消除"腐败"，而仅仅处理一些人或这种"对人的革命"是不能解决腐败问题的。并且，这种"结构改革"又是对人（包括后来可能要犯"结构腐败"的人）的一种真正的保护，是对他们今后可能产生的"腐败"的一种真正的预防。如山东大学教授盛洪指出："薄熙来实际上是这个制度的受害者。在这个制度下，一旦升到某个行政层级，就会处于一个扭曲人性的环境中——听不到批评，错误可以掩盖，犯罪可以灭迹，却有一片颂扬之声，从而完全失去一个正常人的判断。"②

中国教育部重大课题首席专家、中华外国经济研究会副会长、北京大学经济学院教授王志伟在推荐《中国模式：理想形态及改革路径》时指出："中国现实的症结究竟何在？在于它的权力结构的类型仍旧是传统的树结构。'文化大革命'产生的根源，是我国社会的树结构体制（即以树结构为权力结构的体制）；只要树结构仍旧在，就有产生类似'文化大革命'的危险存在；现实社会中的腐败，两极分化，市场经济不能良好运行，法治社会未能很好的确定，等等，都源自于树结构体制。现实社会之所以形成'权力市场经济'、'权力

---

① 潘德斌、颜鹏飞、吴德礼、王长江、赵凯荣、陈国荣等：《中国模式：理想形态及改革路径》，广东人民出版社2012年版，"专家推荐"第4页。

② 盛洪：载网易微博，2012年9月30日。

与资本的结合'等，也源于树结构体制。从本质上讲，社会主义社会的体制改革，是指权力结构的类型转换；且只要进行了权力结构的类型转换，就能很好的解决上述一切问题。"①

4．质疑：秋风先生的《文明复兴时代的新政治观》

《文明复兴时代的新政治观》②（以下简称"秋文"）一文由北京航空航天大学教授、天则经济研究所理事长秋风先生所写。

秋文指出：

新政治观之"新"，可有多个维度。笔者补充一个维度，也许有点奇怪的维度：文化回归。今天中国正在经历的转型时代之新政治，必伴随中国文化之重建；理想的未来中国之新政制，当为中国文明之新政。

评论：一个国家的主流文化，往往是与相应国家制度权力结构的类型相互协调的，如我们国家的中国传统文化（特别是其主流——儒家文化）就与我国现实的权力结构——树结构（这在中国已经传承了两千多年）十分协调，可以说，中国传统文化正是在树结构体制之下成长起来的，传统文化现在已长得根深叶茂了。③ 我们现在要建立社会主义市场经济体制，而市场经济根本不可能在现有的社会树序之下良好运行（在树结构之下，它只能成为维护"特权利益"的"权力市场经济"或"权贵市场经济"等）。从本书第二章第3点第（3）条可知：树结构与社会主义属性内容根本不相容，而与社会主义属性相容的是果结构体制。于是，与果结构体制相协调的社会主流文化，是生长于果结构体制上的，类同于现代的"西方文化"。秋风讲"文化回归"，就是对中国传统文化的回归，就是对我国传统的权力结构——树结构的回归。这样做，注定是死路一条，也与我党十八大以来要求的"政治体制改革"是背道相驰的。说穿

———————

① 潘德斌、颜鹏飞、吴德礼、王长江、赵凯荣、陈国荣等：《中国模式：理想形态及改革路径》，广东人民出版社2012年版，"专家推荐"第4页。

② 秋风：《文明复兴时代的新政治观》，载《人民论坛》2012年11月（上）。

③ 潘德斌、颜鹏飞、吴德礼、王长江、赵凯荣、陈国荣等：《中国模式：理想形态及改革路径》，广东人民出版社2012年版，第14—17、118—130页。

了，所谓政治体制改革其根本点就是：对我们已经沿用了两千多年以来的传统的树结构进行类型转换，也就是周淑真教授与秋文在同一期《人民论坛》上所讲的"执政党的组织建设应以权力结构得到改善为出发点……而在制度机制上，要改变现在某些带有'官本位'色彩的做法和规定"①。连中国大儒——北京大学儒学院院长汤一介老先生都认为："我不太同意一个想法，认为中国学问可以解决世界上一切问题……过去西方中心论已经错误了，现在东方中心论，不是重复过去的错误吗？"②而要建立"理想的未来中国之新政制"之类的大事能靠中国传统文化吗？秋风先生的"文化回归"若不是"黔驴技穷"（即没有办法之办法），也是在开历史性的玩笑罢了。

当然，权力结构的类型转换，并不表示传统文化的"脱节"或"断裂"，如日本、韩国等国便是例子，他们并不因为权力结构的变型而抛弃了传统文化，但是已不是所有的传统文化仍然都保持着社会的主导地位，这倒是可以肯定的。至于中国香港、台湾的权力结构转型，没有引起传统文化的"脱节"或"断裂"的问题，也就更加明显了。

秋文指出：

自 19 世纪末，中国进入现代立国（nation-state building）期，积极参与此一历史性过程的文化与政治主体，首先是敏感的儒家士大夫，随后是接受西式教育之知识分子，为救亡图存，积极学习西方现代国家之诸制度及其理念、理论。不幸的是，他们迅速走向极端，走向忽视乃至全盘摧毁中国固有文明，而以外来蓝图重建现代新世界之歧途。由此导致政体与文明、法律与生活之间的脱节，乃至对立。此为中国转型已逾百年，而依然不能建立稳定的现代秩序之根源所在。

评论：就算现实确有"政体与文明、法律与生活之间的脱节"等社会现象的产生，那么是怎样产生的呢？按秋风先生的说法，是西学"西方现代国家之诸制度及其理念、理论"者，"迅速走向极端，走向忽视乃至全盘摧毁中国固有文明，而以外来蓝图重建现代新世界之歧途"而造成的。其实，我们看到的所谓东西方文明，从本质上讲，并不是由东西方文化带来的文明，而是由它们

---

① 周淑真：《亟待研究政党变革的深层逻辑》，载《人民论坛》2012 年 11 月（上）。
② 汤一介：《中国学问不能解决一切问题》，载《中国社会科学报》2010 年 4 月 20 日。

的权力结构给东西方带来的文明，称为"结构文明"。如中国，由于它的权力结构为树结构，在它基础之上便产生了社会主流文化，即传统文化，我们称为势能文化[①]，如儒家文化就基本上是一种极致的势能文化。这样，政体与文化就是连续的、协调的。

又如，由于西方近几百年以来建立的"君主立宪制"、"民主共和制"、"联邦共和制"以及北欧的"民主社会主义制"等等，本质上都是权力结构为果结构的体制，在这种体制下产生的文化，便是一完全不同于势能文化的动能文化。[②]这样，它的政体与文化也是连续的、协调的。但在秋文中，我们只看到了文化的作用（一种相对于权力结构而言的表面作用）。我国的三十多年以来的改革，却把只适合于在果结构体制下良好运行的市场经济硬性拉进来，嫁接在我国传统的树结构之上，这就形成了"权力市场经济"或"权贵市场经济"等。而在文化方面，也带进了一些不伦不类的东西。如在果结构下，由于对权力有全面制约而形成的个人良好的"隐私权"等，也被带进了基本不受任何权力制约的树结构体制中，特别对于在树结构之下掌握大权的官员（在树结构之下，官员的权力还是一种绝对权力，而在西方的果结构体制下，其官员的权力是相对的，其含义见第一章第2点），更有"发生的事物由当地官方任意解释"，就更加加重了这"绝对权力"的绝对性，免不了"导致政体与文明、法律与生活之间的脱节"现象的产生，包括社会"诚信与道德"的下降。如《中国模式：理想形态及改革路径》第十五章就证明了：在树结构为权力结构的现行体制下，我们根本就建立不起来一个法治社会。[③]

对待发生在我们眼前的同一种事物，由于秋风先生没有掌握权力结构论的概念及理论，所以，笔者与其有完全不同的看法。他认为西学者已"迅速走向极端，走向忽视乃至全盘摧毁中国固有文明，而以外来蓝图重建现代新世界之歧途"。笔者认为，所谓的中国"西学者"所做的一切，都是在漂学"西方"

---

①　潘德斌、颜鹏飞、吴德礼、王长江、赵凯荣、陈国荣等：《中国模式：理想形态及改革路径》，广东人民出版社2012年版，第14—17页。

②　潘德斌、颜鹏飞、吴德礼、王长江、赵凯荣、陈国荣等：《中国模式：理想形态及改革路径》，广东人民出版社2012年版，第14—17页。

③　潘德斌、颜鹏飞、吴德礼、王长江、赵凯荣、陈国荣等：《中国模式：理想形态及改革路径》，广东人民出版社2012年版，第166—176页。

体制，他们根本就没有学到西方好的本质，反而把西方不好的东西带进来了。在笔者看来：西学者所引进"西方"的东西，要么是"表皮"的，如市场经济，连促进市场经济良性运行的果结构体制都没有，硬是把它与我国传统的树结构"嫁接"起来，这样形成的体制，并非"市场经济"体制，而它本质上仍旧是"计划经济"体制，或称为"没有计划的计划经济"[1]体制（因权力结构决定了国家制度的主要功能，而"法规细则"层次只有微调功能或尺度作用）。要么是"表象"的，如上述所述的"隐私权"等（在由"同权分割法"决定的树结构体制中，连"人"的"私密空间"都没有或称不能固定，能有"隐私权"存在的空间吗？完全是胡扯）。

我们究竟向西方学什么呢？应该是学习它的权力结构的整体功能，特别是它的构建法则与原理[2]。我们知道：适用于西方国家的果结构体制，基本上都是"三权分立"的"两党制"，这不符合中国的要求。笔者已选择了符合中国要求的"东方民主制"[3]：它既坚持了中国共产党的领导，促进了市场经济的良好运行，又体现了民主、法治、自由、人权、平等等功能的一类果结构的体制。所以，笔者认为："西学者"还做得很不够，他们没有"走向极端"，更没有"走向忽视乃至全盘摧毁中国固有文明，而以外来蓝图重建现代新世界之歧途"。因"西学者"远远没有这种力量，秋风先生在这里可能有些夸大其词了。倒是因为"西学者"没有抓住权力结构这个国家制度或体制的本质，致使中国目前的制度或体制，不东不西，不阴不阳。其结果，反映出来的"问题"，都是原中式制度或体制及原西式制度或体制中较"坏"的一些方面。如上述匆忙引进的个人"隐私权"就是这样的（引进来后就变坏了）。

秋风认为，因他所述的上述原因"为中国转型已逾百年，而依然不能建立稳定的现代秩序之根源所在"。这更显出了秋风先生的莫大失误：从本章讲的社会秩序的定义就可知所谓"现代秩序"，是指由果结构所决定的"运行通道"

---

[1] 潘德斌、颜鹏飞、李永忠、潘峰、赵凯荣、唐大斌等：《权力结构论》（修订本），人民出版社2013年版。

[2] 潘德斌、颜鹏飞、吴德礼、王长江、赵凯荣、陈国荣等：《中国模式：理想形态及改革路径》，广东人民出版社2012年版，第125—128页。

[3] 潘德斌、颜鹏飞、吴德礼、王长江、赵凯荣、陈国荣等：《中国模式：理想形态及改革路径》，广东人民出版社2012年版，第131—143页。

来定的"秩序",即社会果序。但中国百年以来,或者说中国自辛亥革命以来,我们虽然赶跑了皇帝,却把封建社会传统的权力结构——树结构保留下来了,这就相当于把国家(或社会)中的运行、控制(包括轨道、方式甚至手段)、秩序及稳定性(包括能级及方式)等都保留下来了。而正是人们在国家决定的这一运行、控制等过程中,使我们深刻地感到了树结构的存在。只要树结构存在,这些中国社会的封建"痕迹"或"余毒"就必然存在。[①] 只有对权力结构进行类型转换(如从树结构转换为树—果结构、最后转换成果结构等等),中国最终才能消除封建"痕迹"或"余毒"(见本书第一章第7点第(4)条)。秋风先生所不知道的是:正是这个树结构的存在,由它决定的"运行通道",才从最根本之处决定了我们的"秩序"必然是传统的而非现代的"秩序"。它在现实(这个"不东不西"、"不阴不阳"的)的体制中所显现出来的这种不"稳定"现象,当然也就不令人奇怪了。

秋文指出:

不过,20世纪70年代末以来,情况已发生极大变化:中国文明开始回归。

过去三十年中国所发生的一切良性变化,不论是经济领域的市场制度与私人产权保护,社会领域中的自治、对外部世界的开放,乃至于政治领域的民主、法治理念之确立与制度上的变革,都可以说是中国文明复归之结果。因为所有这些变化之开端都是民众突破集中计划体制之制度,以自发回归传统制度的方式进行制度创新,政府则对此予以认可。过去三十年之良性政治,差不多都是这种认可的政治。

此即先贤探寻千百度之"新政治",它就在这儿。其本质是:权力向文明妥协,法律向生活让步。由此而有政府权力向民众权利和利益之妥协,而有了真正的"政治",也即多元主体通过论辩和博弈就公共问题做出决策的过程,诸多制度变革就是以此展开的。

评论:秋文中所说的"制度"显然指的传统意义上的"制度",即不包含权力结构层次在内的"制度"(见本书第一章第7点)。因此,他所讲的我国近段时期三十多年以来的变化,其实只属于我们所说的(包括权力结构层次)

[①] 《邓小平文选》,人民出版社1983年7月版,第292—302页。潘真:《诸公心中的辫子是无形的》,载《联合时报》2011年10月14日。

制度中属于"法规细则"层次的一些变化。按照权力结构理论来说，这些变化都只能是"表皮"或"表象"的，而非本质的。这正好同秋风先生在另一文中的说法完全一致，他说："中国目前的制度是由两种力量支持的，一种是建国后前三十年遗留的制度，属于向下拉的落后力量；另一种是后三十年新发展的市场、私营企业、公民社会等力量，它们提升着中国。中国未来走向如何，关键要看两种力量在博弈中孰强孰弱。"①

其实，秋风先生所说的建国后前三十年遗留的制度就是我们所说的树结构体制，在树结构体制之下，后三十年的新发展是十分脆弱的。如市场经济不能良好运行、私营企业并不完整——是所谓的中国式的即官员可以"随意盘剥"的私营企业，至于公民社会就更不要指望了："中国还远远不是一种公民社会。"②这种博弈，若不进行树结构的类型转换，不用说了，博弈中的胜利者肯定是树结构，即胜利者"是建国后前三十年遗留的制度"。

"秋风讲的博弈，很像《西游记》中孙悟空与如来佛之间的博弈。虽然，孙悟空的本事很大，可以一个跟斗跃出"十万八千里"，但他终究跳不出如来佛的手掌心。树结构就是如来佛掌控的那个可以随意放大与缩小的手掌，而离开树结构的类型转换，再强的力量、再大的冲击力，都要在树结构面前甘拜下风、铩羽而归，最终都跳不出如来佛的手掌心。其实，整个《西游记》要告诉人们的，不正是这一点吗？"③

在树结构体制之下，我们没有看到"权力向文明妥协、法律向生活让步"的"本质"，而树结构本身根本也没有这种"妥协"、"让步"的功能。秋风先生所说的"妥协"、"让步"，最多表现在"人治社会"中不同的领导人所显示出来的一种领导艺术，或在"法规细则"层次内的"妥协"、"让步"而已，如改革三十多年以来，所有的"放权"都属于此。但这种"妥协"、"让步"由于没有权力结构上的保障，它是可以随时收回去的，而这正是许多改革开放初期杀出来的企业家，如"柳传志"们所担心的问题（见本书第六章

① 秋风：《中国未来走向取决于两种力量的博弈》，载《社会科学报》2010年4月1日。
② 陈海娟：《中国公民的现状与前景——访清华大学NGO研究所副所长贾西津》，载《社会科学报》2010年6月10日。
③ 潘德斌、颜鹏飞、吴德礼、王长江、赵凯荣、陈国荣等：《中国模式：理想形态及改革路径》，广东人民出版社2012年版，第166—176页。

第8点）；又如，理论界现在争论不休的"国退民进还是国进民退"就是这样的例子：只要是在树结构条件下，就是全国全都"私有化"了（如中国封建时代就是这样），也不能形成一个树结构之外的制度来，所以，这种争论毫无意义。总之，得不到权力结构及结构功能所保障的东西，自然是不"稳定"的，而只能显现出"忽左忽右"的摇摆。秋风先生看到的"中国转型已逾百年，依然不能建立稳定的现代秩序"之根源，就是因为稳定的"现代秩序"必然是社会果序，它在中国却一直没有（甚至没有开始）建立起来。而最可悲的却是，人们对此还一无所知。

只是，过去三十多年，这样的新政治一直处于不自觉状态，因而新、旧政治混杂，精神与社会秩序趋向溃散，制度难题不能获得有效解决，而形成目前令所有人焦虑之局面。今日所当为者，就是树立此一新政治之自觉。今日之新政治观应当本乎过去三十多年新政治之基本精神，而自觉地扩充丰富之，以最终完成三千年未有之大转型。

评论：正是在现实体制（即树结构＋市场经济政策）中，权力结构层次与法规细则层次相互不协调（因市场经济的政策必须有果结构的运行通道），促进了"新、旧政治混杂，精神与社会秩序趋向溃散，制度难题不能获得有效解决，而形成目前令所有人焦虑之局面"。秋风也在"焦虑"之中，说明他是一个有良心的人，这很好。至于原因，可以大家一起来找。权力结构论已证明了：体制内的两个层次必须相互协调。先说树结构，因它与封建社会内容相互协调，与社会主义属性内容极不相容，在实际运行中，它与市场经济不协调（它不能促进市场经济的良好运行）；而果结构既充分体现社会主义属性内容，又能促进市场经济良好运行，故我们的"体制"必然向社会主义果结构体制转换。在具体操作上（如要保持全国性的平稳过渡等等），我们又不能一下子推翻树结构体制而立马建立起果结构体制来。于是，就需要找些树—果结构作为中间的过渡环节（附注：这些中介体制的果结构部分也有接近于果结构的功能及作用）。没有这类结构的类型转换，我们就永远不可能建立起适合社会主义市场经济的现代化的"社会秩序"——社会果序来，所谓的"新政治之自觉"也"自觉"不起来。像现在这样下去，"精神与社会秩序"只能越加"趋向溃散"，制度难题越发"不能获得有效解决"。"三千年未有之大转型"不过是秋风先生的一句"戏言"罢了。关于这一点，笔者认为，只要把近年来与前些年的实际状况做一比较，就知道秋风先生的说法实在欠妥。改变了类型的权力结构的建立，也就确立了社会果序的运行与控制通道，这样之后，有关"法规细则"层次的事情就好办了。

秋文继续说：

新政治观须以政治的文明自觉为前提。

第一，中国文明复兴之自觉意识。中国是一个超级规模的文明与政治共同体，且至少在五千年漫长历史中，保持了连续性。中国作为一个政治共同体繁荣、扩展、强大的力量，正在于帝舜"诞敷文德"和孔子所说"修文德以来以共和为制之"的"文德"，也即文明。这个文明的政治共同体以仁义礼智信之价值为本，以共和为制，以天下主义为世界想象，而成就人类政治上一大奇迹。

自 19 世纪末，先贤在救亡图存压力下，为"保国"、"保种"而忘记"保教"，甚至主动摧毁中国固有文化。至今日，中国虽有经济之腾飞，国力之强盛，而中国人之价值、生活方式和政治形态，皆出现严重断裂。

事实证明，无视、敌视中国文化之现代化，不足以建立起稳定的现代秩序。今日社会各界当抛弃全盘性反传统主义心结，自觉致力于复兴中国文明，这就是中国最重要的政治议题之一；由于中国的巨大规模，这也是 21 世纪人类最重要的政治事务之一。

那么反过来说，今日中国之政治应当具有文明复兴之自觉。政治参与之主体，不论是执政党，还是商界精英、思想与文化精英、知识分子，乃至普通民众，都应当意识到，解决今日中国所存在之问题，所需要的不仅是制度变革，还有中国式现代价值之构建、中国式现代生活方式。凡此种种，可为市场形成健全秩序、为社会自我治理与政治之良性变革构筑坚实基础，更关乎中国人之身心寄托，以及中国发挥世界领导作用之自信的养成。这些共同构成中国文明之复兴。

评论：严格说来，秋风所说的"中国文明"，其实只有两千多年，即秦代"商鞅变法"以后，中国开始了树结构体制以来的"文明"。这种"文明"，本质上就是笔者前述的"结构文明"，它的连续性其实就是在树结构的连续性上产生的。在这种"文明"中，秋风先生可能没有注意到：封建帝王一直很重视一条原则，即"重农抑商"。这是贯穿两千多年以来的一条重要原则，目的就是保障树结构及其功能的纯洁性。如盐铁茶酒（不时还包括矾、醋等商品）都只能由官营而严禁民间买卖，道理就在于此。应该说：树结构的建立，对中华"文明"的连续、发扬等都起过根本的作用，而且曾长期地领先于世界，使中国成为世人羡慕的"天朝"。但是秋风先生还有一点没有看到：即自从近几百年前（大约在明清年间）以来，当所谓"西方"世界各国纷纷建立起了果结构体制时，"这就把整体上还建立在树结构体制上的中国比下去了。从这时候起，我们就开始从整体上特别是从整体结构上输给了欧美，只是我们没有觉察。直到现在，几百年过去了，能觉察到这一点的人，还是不多"①。

另外，"从世界发展趋势看，各国都存在一条从一切非果结构（指除开果结构以外的其他三类权力结构）向果结构（横向）演变的规律，这也是社会发展的必然规律，这与马克思讲的人类社会按'五个社会论'的（纵向）演变的发展是不同的另一条演变规律。例如，第二次世界大战前到第二次世界大战为止，完成社会变革者，"纵向演变"的国家居多，如原整个社会主义阵营的国家都非常整齐地一起完成了"纵向演变"。而第二次世界大战之后到现在，完成社会变革者，多是"横向演变"的国家或地区。又如，著名学者郑振铎对《金瓶梅》的描写与我国现实的对照，发现《金瓶梅》描写的我国宋朝时代与我国现实的图像有惊人的相似之处②（这其实是不同社会制度因权力结构同类而产生的"社会同构现象"③）原因就在于我国两千多年以来，都只有"纵向演变"或"不变"（中国封建社会中的"改朝换代"其实就是"不变"，因社会的属性内容及权力结构类型都没变），而始终缺乏"横向演变"。从现实来讲：只有从这'纵向'与'横向'两方面出发来研究人类社会发展的人，才有可能成

---

① 潘德斌、颜鹏飞、吴德礼、王长江、赵凯荣、陈国荣等：《中国模式：理想形态及改革路径》，广东人民出版社 2012 年版，第 1—8 页。

② 毛经中、潘德斌：《〈金瓶梅〉描写的"真正历史"与郑振铎的"入骨三分"与困惑》，载潘德斌、颜鹏飞、吴德礼、王长江、赵凯荣、陈国荣等：《中国模式：理想形态及改革路径》，广东人民出版社 2012 年版，第 109—111 页。罗斌、王鸿生：《第二大方向的改革：结构改革》，载潘德斌、颜鹏飞、吴德礼、王长江、赵凯荣、陈国荣等：《中国模式：理想形态及改革路径》，广东人民出版社 2012 年版，第 200 页。

③ 毛经中、潘德斌：《社会同构现象的探源与"封建残余"的根除》，载潘德斌、颜鹏飞、吴德礼、王长江、赵凯荣、陈国荣等：《中国模式：理想形态及改革路径》，广东人民出版社 2012 年版，第 103—117 页。

为一个完整的马克思主义者。"①据知，在较为普遍实行市场经济的今天，在当今世界上仍旧采用树结构为其权力结构者，远远低于3%，但秋风先生在此时此刻，还想在树结构不变类型的状态下，创建"人类政治上一大奇迹"，实在使人感到万分地惊讶！因他连世界上真正的"以共和为制"的国家都是以果结构为权力结构的国家这一点都不知道，还想在已经死去的"树结构""幽灵"身上创建"一大奇迹"。

"自19世纪末"以来的"救亡图存"在前述中已讲过是"漂学"西方，也指出过"断裂"的根源以及"建立起稳定的现代秩序"的根本措施是结构改革。至于"那么反过来说"：在"现代秩序"建立之前要人们去准备的那么多的东西，其实并不需要。随着非树结构体制的确立，我们所需要的仅仅是包含了"权力结构"层次的"制度变革"，"马上就产生新的意识形态"②：人们在"现代秩序"的运行通道上运行，社会在"现代秩序"的运行通道上控制……人们自然就产生了新的思想与行为、随之而来的新文化以及慢慢就要形成中国的新"文明"，这才是真正的"中国文明之复兴"。果结构制度的"西方各国"，都是随着（包含权力结构层次）"制度变革"的成功带来了人们思想及行为的变化及整个"新文明"的开始与形成。笔者认为，秋风先生那种在"制度变革"之前，要人们做好许多"准备"的想法，既行不通也没有必要，还不可能（这是一种唯心主义的反映，因文明是建立在制度之上的，而不是要人们准备好了"现代价值之构建、中国式现代生活方式"再去进行"制度变革"）。这一点，对于像中国这样的后发国家而言，尤其重要。

秋文说：

第二，中国政治主体性之自觉意识。基于此一文明复兴之政治自觉，当创制立法之时，应立定中国主体性，会通古今中外之优良制度，而服务于中国文明之复兴这个大目标。

目前中国问题重重，需要广泛的制度变革，这是所有人都承认的。然而，如何变革？人们马上想到，学习外国，尤其是西方。这自然是必要的。毕竟，

① 潘德斌、颜鹏飞、吴德礼、王长江、赵凯荣、陈国荣等：《中国模式：理想形态及改革路径》，广东人民出版社2012年版，第132页。

② 《马克思恩格斯选集》（第4卷），人民出版社1995年版，第294页。

西方建立现代制度已有两三百年,如此漫长的时间足以证明很多制度之有效性,中国当然有必要学习之。西方制度自有其几百年,如此漫长的时间足以证明很多制度之有效性,中国当然有必要学习之。但是,西方制度化脉络,中国不可能照抄其"形"。中国人只能精研其"义",运用于中国文明脉络中,构建中国式制度。于是,理解中国文明,就成为有效地学习西方之前提。

也就是说,哪怕是学习西方之创制立法,也首先需要确立中国文明之政治主体性。中国应当立足于自身文明,参酌古今中外之经验,探索、构造中国的现代政制形态。这方面,国人也确实积累了很多经验。为追求优良治理,中国圣贤进行了艰苦卓绝之努力,尝试了很多制度,其中许多制度被历史证明是成功的。

评论:其文章的主要问题还是:①"制度"概念中仍旧是没有"权力结构"层次的传统含义(这样一来,他所说的"制度变革"实际上就是在保持树结构类型不变的条件下,仅仅局限于"法规细则"层次内的变革)。②"政治主体性"、"中国文明"及"优良治理"等都成了与国家现实的"权力结构"没有关联的东西。其实,权力结构论告诉我们:它们与"权力结构"是紧密相关的。甚至可以说,他们是由"权力结构"不同类型所决定的。所谓"权力结构",是人类社会系统中由"人"而不是"物"之间形成的关联,正是"它"决定了人们的社会运行、控制,社会秩序及稳定性能级,等等,而不是随意提出增设某个"层面"或"维度"就可以解决的问题。③秋风先生主张学习西方,但仍旧只是"漂学",他不懂得其"权力结构"的分类、构建原理以及理论。例如,他不懂得西方的"文化脉络"恰好是建立在它的果结构体制之上并由果结构决定的,等等。④"中国圣贤进行了艰苦卓绝之努力,尝试了很多制度,其中许多制度被历史证明是成功的。"如"贞观之治"等,但这些"制度"其实都是建立在传统的树结构为其权力结构之上的制度,他们的"成功",都不过是当时之事。当这些"成功"的案例,一再被"学者"用来"被历史证明"之时,它实际上已经成为过时的历史资料了,我们从整体上发现我国"落后"的事实,实在是太晚了。而树结构在整体功能上远不如果结构的事实,是我们在同所谓的"西方"世界的无穷多次的对比中显现出来的。如中国社会科学院马克思主义研究院党委书记、著名左派哲学家侯惠勤先生就认为"我们今天在民主的某些形式上还未能高于西方民主"①。在西方推行的"市场经济"面前（更准确地说，在西方社会推行的整体结构——果结构面前），我们实在是"面有愧色"。而到现在为止，还想用"树结构"的管理体系来完成"国家管理"的做法，实在是早已过时了。总之，只要我国的整体结构仍坚守树结构类型不变，中国就没有希望，没有未来。

秋文说：

当下中国之新政治观须立足于三项基本原则——仁本之政治价值观、共和之治理观、天下主义之世界秩序观。

基于中国文明之政治经验，本乎普适的优良治理之道，可初步确定，当下中国之新政治观须立足于以下三项基本原则。

第一，仁本之政治价值观。政治需要价值：政治价值可以指引权力，让权力不至于堕落为个人或者集团追求或维持利益的工具，而保持公共性，即致力于国民之尊严、幸福与国家之文明、强大。政治价值约束政治活动主体，让他们具有政治伦理底线。

当下中国最为严重的问题之一是个别官员缺乏政治和行政伦理。于是，这些官员们很容易成为物质拜物教信徒。这样的官员会以一种末世心态疯狂贪腐。这样的官员也会丢弃政治责任，比如家属全部移民。这样的官员会形成错误的政绩观和官民观，为自己的政绩牺牲民众的利益甚至生命。在当下中国，官民之间、体制内外之间存在严重隔阂；即便民间社会中不同观念、政治派系之间，也存在严重隔阂，因而发生大学教授因为政治立场不同而打人的丑剧。出现这种隔阂、对立的根本原因在于，人们缺乏价值共识。于是，政治上的立场被尖锐化，而没有任何缓冲机制。必须重建政治价值，这个价值可用"仁"字为本构建现代制度支撑之"仁政"。

自孔子以来，中国人之政治理想就是仁政。孔子说："人而不仁，如礼何？人而不仁，如乐何？"没有仁，再完整的礼乐也不可能带来优良秩序。孟子说："人皆有不忍人之心。先王有不忍人之心，斯有不忍人之政。"不忍人之政就是仁政。然而，何谓仁政？今人多有误解。

---

① 侯惠勤：《以真理打破幻想——我们为什么必须批判"普世价值观"》，载《中国社会科学院报》2009 年 3 月 31 日。

正确理解仁政的关键在于明白"仁"的含义。孔子对"仁"有很多论述，最为经典者见《中庸》："仁者，人也。"仁乃是人与人之间相处之最基础原则，它涵容人的尊严、自由与平等。

中国之理想政治就是仁本的政治，这也是中国可能的政治。仁之精神应当灌注于每个权力部门、每个政治活动的参与主体，从政治家到官员到普通民众；仁之原则应当支配宪法及所有法律，应当支配政治之全过程。

仁本可重塑国家精神。当今中国物质主义盛行，在政府表现为增长主义，在民众表现为消费主义。物质主义把人当成物，否认心灵，所以中国人虽然富裕，却并未得到幸福；物质主义否认文化，所以中国虽然强盛，在国际上却未得到足够尊重。物质主义指引的国家是没有前途的。仁本则是反物质主义的，它以人为本，且承认人是一切事务的主体，也是其唯一目的。

仁本可树立健全的政治伦理。当今中国需要政治家，政治家需要同时具备智、仁、勇三德，而仁为大本大源。仁就是不忍人之心，就是人溺已溺之情，不忍看到民众遭受痛苦，就是"先天下之忧而忧，后天下之乐而乐"。具有仁心的政治家也会采取种种措施为民谋利，为此，他们必具有"从'先天下之忧而忧，后天下之乐而乐'众"的政治智慧。这样的人物有价值、有理想，因而也能沉着、坚韧而勇敢地为理想而努力。这就是见"义"而为之"勇"。今日中国正需要这样的政治家。

仁本可树立健全的行政伦理。仁要求人们相互尊重：民众固然需要尊重官员，官员更需要尊重民众。民众与官员在人格上是平等的，仅分工有所不同而已。

仁本可重建政治上的价值共识。仁内含着包容、宽容，仁可为中国政治注入包容、宽容之精神。仁本可为政治过程提供一个价值共识，这样的共识可柔化政治上可能的对立与冲突。政治主体如果普遍地以仁为本，就会尊重其他人，包括那些与自己意见不一致甚至立场对立的人，节制自己的情感，以协商、对话的方式参与公共事务。

评论：秋风先生这里讲的道理是可以接受的，但有一点却被秋风先生所忽略了，那就是一个国家的"仁本之政治价值观"究竟要怎样才能实现？这一点秋风没有明说，但可以肯定的是人们的"仁本之政治价值观"总不是天生的，人们绝不会一生下来就立下了"先天下之忧而忧，后天下之乐而乐"

的观念。看得出来，要形成"仁本之政治价值观"，秋风先生暗指的是靠教育。其实，笔者认为：最关键之点仍然是靠权力结构，合适的权力结构类型，它会在实践中（而不是在书本上）教会人们"仁本之政治价值观"。因对人们口头上的"说教"，只有当这种"说教"与人们在社会实践中自己的"体量"一致时，这种"教育"才是正面的；如果"说教"与人们在社会实践中自己的"体量"不一致甚至相反时，那么这种"教育"不但没有正面作用，还可能使人们走向反面。如"说一套做一套"的"两面人"的大量涌现，而"潜规则"也将更大盛行等。例如，在我国现实社会的树结构体制下，社会实践将"教会"人们的"官本位"、"特权"以及各种"潜规则"等意识及行为，而秋风希望建立的"仁本之政治价值观"的正统"教育"，一般说来很难有什么效果（至少在大面积上是这样的）。

秋文说：

第二，共和之治理观。仁本的政治价值观塑造"仁政"。仁政就是把人当成目的的政治，就是自由人的平等的政治，它所塑造的人际"和而不同"的状态，是共同体可以达到的最高境界。

仁政是一种公共性政治。仁政以民众幸福和国家繁荣为目的，仁政是公共的，不允许任何人为了私人利益占有和使用公共权力。因此，仁政之唯一正当的实现形态就是共和。

共和之文化基础是人各治其身，此即《大学》"八目"所说的"修身"。人皆有仁，然而可能被物欲遮蔽，而视他人为物，相互伤害。仁内在地要求"自天子以至庶人，一是皆以修身为本"。所谓修身，就是克己，节制自己的欲望，养成"敬"的精神状态。这是社会秩序之基础。

当下推进新政治，最合适的入手点就是推进自治。从政体角度看，需要推进基层自治。与此同时，需要积极地推进开放社会各个领域的公民自治，扎稳优良治理之基础。

当然，共和也需要一系列制度安排。这就是人们经常谈论的现代政治制度之要件：法治，也即客观的公正的规则之治；同一个政府内部诸种权力的分立与制衡；中央政府与地方政府、基层自治性组织之间权力和责任的合理分配；以及民主决策程序。这些是现代社会治理之基本要件。过去十几年间，所有这些领域都已迈开变革的步伐，但尚处于变革的中间状态。现在所需要的是积极而审慎地推进。

评论：《中国模式：理想形态及改革路径》已证明，要建成现代政治制度的"法治"社会，必然是果结构体制（当然，树—果结构体制也能部分实现"法治"①），而真正的"共和之治"必然是果结构的体制。要人们形成真正的"共和之治理观"，也只有果结构体制建立起来之后才有这么大的能耐：它会"在人们的社会实践中教会"人们这些观念的树立。

当然，秋风讲的"修身"等理念，也只有在社会主义的果结构体制下才有可能真正实现。在我国现行体制，即"树结构＋市场经济政策"的体制下，只能是空谈。但是，需要指出的是：这里的"共和"并不"需要一系列制度安排"，而只要进行权力结构的类型转换便足够了，即政治体制改革已足矣（见上述反唯心治论一段）。

秋文说：

第三，天下主义之世界秩序观。风水轮流转。过去五百年间，现代世界的领导权经历过非常明显的转移。今天，世界秩序观界历史的中国时刻已经开始。对中国，这意味着荣耀，更意味着责任。因此，新政治观必须具有世界视野、人类关怀。这个时候，中国人必须回到数千年间中国圣贤构造人间合理秩序之天下主义。

平心而论，过去三十多年间，中国经济有高速增长，因而，中国的整体经济实力有大幅度提高，至少已处于坐二望一的位置。这种物质性力量，外部世界最容易感知到，故有"中国威胁论"之流行，有"中美国"概念之生成。但是，中国在处理与周边国家关系、处理与其他大国之关系的时候，却没有发挥出世界领导责任。

这些年来，在世界舞台上，中国发挥作用，似乎较多地依托经济力量之运用，而在价值问题上采取守势。道理很简单：在文明遭遇严重断裂之后，当下中国没有自己的令人信服的价值。没有价值支持，单纯靠经济力量的运用，很容易引发当事国和第三方的疑惧。在这种情况下，中国对国际诸多重大问题只好采取回避策略，但回避本身又会引发国际社会对中国的猜测。

---

① 潘德斌、颜鹏飞、吴德礼、王长江、赵凯荣、陈国荣等：《中国模式：理想形态及改革路径》（第15章），广东人民出版社2012年版。

另一方面，因为缺乏文化支撑，中国迄今无法拿出一个具有感召力的世界想象。任何一个大国，欲承担领导世界之责任，均需一套具有道德感召力的世界想象，借以凝聚全球共识，推动世界秩序之改进。中国已被赋予了领导世界之责任，却不能出示这样的想象。其结果，世界秩序处于毫无目标的飘荡中，中国自身在全球公共事务决策机制中的权力也无法有效使用，利益没有充分保障。

哪怕只是为了中国自身的国际权利和利益，中国也必须承担起领导世界的责任。当下中国必须具有世界政治责任意识。为此，中国必须拿出一个具有道德感召力的世界想象。而这个世界秩序想象只能是天下，中国未来领导世界的原则只能是天下主义。

天下主义之核心就在于承担领导责任的国家修其"文德"。此处之文德不是简单的道德，而是包括道德在内的整体文明，如价值、生活方式、政体安排等等。大国就是靠文明对其他国家产生感召力，赢得其他国家的信任，而享有领导之权威的。

于是，中国能否充实自身的文明，更为具体地说，恢复和重建中国文明，就成为中国能否承担自己的世界领导责任之关键。也就是说，中国文化才是中国最重要的战略资源。精英群体尤其是政治家必须学习如何运用文化，为此，他们必须认同中国文化，并致力于重建中国文化。

评论：不要奢谈所谓的"世界秩序观"了，它必须要在形成"世界秩序"之后才可能有秋风说的"观"的形成。目前，至少在两百年内，"世界秩序"还只能像现在这样以强者为序。中国，还是先建立好自己的"秩序"再说吧。

秋风的"风水轮流转"的观点也不对：以树结构为权力结构的体制，是世界性"死亡"的体制（见以上各点论述）。但"风水轮流转"转到中国却是必然的，只要中国坚持社会主义属性内容不变，并早日建立起社会主义果结构体制来。那时，也只有那时起，世界人民才会从实际中看到社会主义比资本主义的好处，才有可能开始社会主义取代资本主义的时代。

秋风先生后面的一大段论述勉强还过得去，但其前提条件是：只有在中国建立了社会主义果结构体制之下，才会逐步地形成崭新的"中国文化"，并慢慢地建立起新的中国"文德"，即崭新的"中国文明"，而不是"中国人必须回到数千年间中国圣贤构造人间合理秩序之天下主义"。

秋风先生最后指出：

今日欲建设新政治，必须首先重建中国文化。

新政治观之理念出自中国文明，出自中国文明之最深处。然而，20世纪，中国文化曾遭遇严重破坏，在今日中国，中国文化之气氛相当淡薄，很多人，尤其是知识分子及政经精英，认识不到上述理念，甚至根本不愿设想中国文明可孕生如此伟大的理念。因此，立足于中国文明主体性而又对世界保持开放性的新政治观，必须伴之以一个"新文化观"。

这种新文化观实为文化复归观，也即回向传统。推动这个古老的新文化之建设，就是新政治之开端和核心环节。文化复归观，也即回向传统，推动这个古老的新文化之建设，就是新政治之开端和核心环节。社会各界，尤其是政府，当致力于恢复中国文化。只有通过回向传统，中国文化才有可能重建，中华文明与政治共同体才可能维系，现代制度也才有立足之地。

因此，今日欲建设新政治，必须首先重建中国文化。这种建设当然是全方位的，但不外乎两个最为重要的领域：第一，教育。应当在学校建立中国经典诵读、研读体系，以中国之"文"，化儿童少年，成为具有文化自觉、文化自信的健全的国民、公民。第二，基层社会之文化重建。在城市化大势下，各方积极探索儒家价值进入基层社区，尤其是进入新兴的城市社区。这些社区目前没有核心价值，没有核心文化，因而没有社会，没有公共生活。儒家价值的进入，则可以文化凝聚人心，建设社会。而这是通往优良治理秩序之唯一正道。中国文明之重要特征就是"文教"，以"文"化成天下。自孔子之后，此"文"就是儒家所守护之"六经"，中国价值、中国精神就在这些经典中。秦汉之际的历史变化证明了，是否接受"文教"，乃是社会稳定的关键所在。

秦建立了皇帝高度集权之制度，大权统于中央，集中于皇帝。然秦制二世而亡。汉承秦制，汉初儒家有鉴于秦专权而速亡之历史教训，推动汉室进行"第二次立宪"，从"马上打天下"转向"文德治天下"。至汉立国六十多年，终于打破功臣子弟与文法吏垄断权力之格局，容纳儒生，建立了儒家士大夫与皇权共同治理天下之新宪制。

此一新宪制中有很多制度值得今人学习，其中最为重要者乃是以文化建设社会之自治制度。自汉代以来，政府与儒家合作，建立了一个官民合作的、多层次的教育体系，以经典诵读、研读为中心，以儒家经典育人。下焉者教导普通人以仁义礼智信之德，忠孝节义之价值，洒扫、应对、进退之节，而成为合格国民；上焉者教导资质出色者以穷理、正心、修己、治人之道，养成君子。这些君子领导社会，化成风俗，并连接民众为相对稳定的文化与社会共同体，以民众自治，维持社会秩序基础。

此为令中国文明可久可大之"文化的政治"：学术塑造君子，文化塑造人，两者共同支持社会，支持政治。没有文化，没有君子，就没有社会，也就没有良治可言。

20世纪以来，教育与社会、文化与政治断裂：化人之文是外来的。现在必须扭转这种局面，以中国之文化成真正的中国人——但这真正的中国人又一定是真正的世界公民：天下人。

世界历史的中国时刻已经开始。回避只会让世界困惑而混乱。中国必须见"义"勇为，膺其天命。为此，中国人必须自修文德，也即，中国人，尤其是精英群体，应当致力于中国文明之复兴。回到当下，应当从中国文明复兴的高度来看待无法绕开的政治革新，立定文明之主体性，发挥伟大的政治想象力，重建中国文化，设计优良制度。这才是负责任、具有远见的新政治观。

评论：秋风先生的这一段的中心立意就是："今日欲建设新政治，必须首先重建中国文化。"这是一个根本错误的观点。由前述内容可知：一个社会的主流文化必须与它现实社会的权力结构的类型相适应。如与树结构相适应的文化是所谓的"势能文化"，但能促进市场经济良好运行的是果结构体制，而与果结构相对应的文化是所谓的"动能文化"，而我国现实体制是"树结构＋市场经济政策"这样一个两层次相互矛盾的体制，可以说，这三十年的"文化痼疾"就是这样形成的。在这样的体制下，根本就出不了秋风希望的"中国文化"，也不能形成秋风想象的"新文化观"。

秋风所说的"文化复归观，也即回向传统"，就是复归到由秦始皇创建、直到西汉建立六十多年以后才确立起来的"新宪制"，其实，"新宪制"的实质就是在我国保持传承了两千多年的权力结构——树结构。而树结构之下的文化，也就是"势能文化"。转了这么多的"弯"，绕去绕来，秋风先生原来主张的不过是"文化复辟"。这是绝对不可能的（见前述各论点）。

5．社会有序性与社会无序性

对任何一项社会活动来说，它在实际运行中出现的运动状态，一般说来，可以是很多的，如可能是以下三种可能状态中的某一种：①遵循法定通道运行，并遵守相应的法规细则；②部分遵循法定通道运行，或部分遵守了相应的法规细则；③完全不遵循法定通道运行，也不遵守相应的法规细则。

通常，我们把某项社会活动所有可能出现的各种运行状态（当然，也可以按不同于上述例子的划分而进行其他状态分类）称为该项活动（秩序）的可能状态，而把所有可能状态的总数，称为该项活动（秩序）的可能状态数。如果某项活动秩序的可能状态只有一种，即符合社会秩序规则（即定义）的那一种，我们则称为该项活动的确定状态。

一般来说，我们把社会系统中各项活动可能出现的运动状态称为社会秩序的可能状态，而把该社会秩序的所有可能状态的总数称为该社会秩序的可能状态总数。

如果社会系统中各项活动的状态都是确定的，则称此时的社会秩序状态是确定的或确定性（秩序）状态。很显然，具有确定性状态时，社会秩序状态的可能状态数为1，是状态数最小的情形，而社会可能状态数的上限则可以是相当大的（当然，这与如何划分可能状态有关。为简单计算，在以下讨论中我们假设社会可能状态的划分是按照某种通用的标准划分法则来进行的）。

可以看出：社会可能状态越少，即所谓社会的确定性程度越高，这时的社会就越有秩序；反之，若社会可能状态越多，即社会的确定性程度越低，这时的社会秩序就越差。

社会系统（运动）状态有序或无序的性质，称为社会有序性或社会无序性，也可分别简称为社会有序或社会无序。例如，改革以前的中国，按照由树结构决定的通道运行，并遵守当时那种较窄较死的法规细则的运行状态，是一种有序的运行状态。又如，在英、法、美、日等发达国家中，按照由果结构决定的通道运行，并遵循较宽、较活的法规细则的运行状态，也是一种有序的运行状态。由此即可看出：以前有人把发达国家的运行状态看成是一种"无政府状态"的观点，是完全错误的。其实，无政府状态的真正含义是社会的无序状态，而发达国家的运行状态（一种动态的运行状态）只不过是一种不同于我国的运行状态（一种静态的运行状态）的另外一种有序状态罢了，这就好像不能用"直流电流"的运行状态去看待"交流电流"的运行状态一样。树序更像"直流电流"的运行状态，而果序更像"交流电流"的运行状态。

6．权力结构的有序性能级

我们知道：一个国家的权力结构的类型决定了相应国家的社会秩序的一个分类。很显然，这些类型不同的社会秩序，有着不同的有序性能级。

如何比较这些类型不同的秩序之间的有序性能的好坏呢？一种较普遍的传统方法是从不同类型的社会秩序（有关通道、法规细则）的规定状态本身去考察，并把其中较为简单直观、整齐划一的运行（类型）认为是有序性能较好的秩序（类型），如按照这种观点，人们就常常把树序看成最好的秩序（类型），而果序则被视为不好的秩序（类型），等等。按照同一思想原则，人们亦常常把"直流电流"看成比"交流电流"更好的"电流秩序"。

其实，这种看法并不正确。事实上，社会秩序的规定状态，还只是对实际社会秩序的一种规定，是此类社会秩序的一种理想状态。而社会有序性能的好坏，即有序度的高低，乃指社会实践运行过程中出现的可能状态的多少（或确定性程度，或可能状态数的大小，等等）。但这两者并不是同一回事，因规定状态（即理想状态）只是所有可能状态中的一种，而不能将其直接作为有序性的量度依据。运行过程中出现的可能状态的多少，又取决于如下两种因素：

（1）社会秩序规定状态与社会生产力之间的关系。这种关系犹如权力结构与生产力的关系。并且，当社会生产力的发展受到社会秩序规定状态桎梏时，生产力的发展将更多地突破社会秩序的规定状态，从而使社会的实际运行出现更多的可能状态，或加重某些非规定状态的出现频率，致使社会有序度降低。而只有那些规定状态更贴近于生产力发展实际需要的社会秩序规则，才能最大限度地减少社会实际运行状态的非确定性程度，或减少某些非规定状态的出现频率，从而使社会有序度增高。但一般来说，规定状态较为简单直观的社会秩序（如树序）只能与较低水平的生产力相适应，只要生产力积累达到某一（不太大的）临界值，其社会的稳定性就迅速降低甚至出现某些无序状况。而只有那些规定状态较为复杂的社会秩序（如果序），才能与较高水平的生产力相适应，并在生产力积累充分大时，其社会有序度仍旧很高，甚至出现更加有序的状态。因此，那种只从社会秩序规定状态本身去判定社会秩序有序性能级的观点是不对的。

从这里可以看出为什么中国封建社会往往在生产力低下的时期，其社会的有序度较高，而每当"发展趋于鼎盛的同时，其危机也就出现了"的根源。其实，是因为树结构决定的社会秩序有序性能级不高。

（2）社会控制性能的好坏。这一点是不难理解的，既然社会有序度的高低取决于社会实际运行过程中出现的可能状态的多少，很显然，这种可能状态的多少又是与社会控制性能的好坏直接相关的：控制性能好的社会，其实际运行过程中出现的可能状态较少，且能较好地限制某些非规定状态的出现，或降低这些非规定状态的出现频率，因而其有序度较高；而控制性能较差的社会，其实际运行过程中出现的可能状态较多，非规定状态的出现概率也大，因而有序度较低。但一般来说，规定状态较简单的社会秩序（如树序）的控制性能较差，且随着生产力积累的上升而会迅速降低。只有规定状态较复杂的社会秩序（如果序），才有较好的社会控制性能，且随着生产力积累的上升而增强。

据此，我们可以定义某类社会秩序的有序性能级，乃指当社会生产力（积累）充分大时，某类（秩序）社会由公式[1]实际计算结果的数量值大小。把有序性能级大的（某类）社会秩序，称为高级有序性的社会秩序；否则则称为（相对）低级有序性的社会秩序。如由前面的分析可知：果序是高级有序的，而树序则是一种低级有序性，等等。

所谓权力结构的有序性能级，乃指与该类结构对应的（同一类）社会秩序的有序性能级。如树结构的有序性能级即树序的有序性能级，果结构的有序性能级即果序的有序性能级等等。

在一组由不同类型构成的权力结构中，如某类结构在有序性能级、稳定性、运行通道与宏、微观控制、生产力容量等性能方面都是较好的，则称某类结构为该组结构中的优化结构。

---

[1] 潘德斌、颜鹏飞、李永忠、潘峰、赵凯荣、唐大斌等：《权力结构论》，人民出版社2013年版。

例如，在由树结构、树—果结构与果结构构成的对比组中，果结构为优化结构，树—果结构次之，而树结构是三者中最差的。

事实上，由于树—果结构包含树核与果枝两部分。而这两部分之间的联结关系是一种相对独立关系，故这两部分在稳定性、运行通道与宏、微观控制、生产力容量等性能方面基本上分别同于树结构与果结构。因此，就上述性能而言，树—果结构常介于树结构与果结构之间，且树—果结构中"果结构"部分越多的越接近果结构，"树结构"部分越多的越接近树结构。

在英、法、美、日等发达国家，其经济、科技、行政等子系统甚至包括这些子系统中更小规模的子系统或元素，都保持着各自之间的相对独立性。从而，它们也存在各自相对独立的稳定性。在这种情形下，即使社会出现"动乱"，通常不会涉及破坏其他子系统稳定性的必要程度。如这些国家中，总统或首相（属于行政子系统）的"易马"，常常不会危及整个社会的稳定性，如不会因"易马"而出现政策变化的非连续性现象，等等。故在果结构中，较为有利于生产力的连续发展与长期积累。果结构崩溃时表现出来的这种现象，称为结构的弹性崩溃现象。这就是说，在果结构体制的社会中，即使出现"政权危机"等现象，也不会出现树结构体制社会中那种脆性崩溃现象，即随着行政子系统的崩溃，导致经济、科技等其他子系统的同时崩溃（这也好理解：因在树结构体制下"政企不分"、"政学不分"等使他们成为行政子系统的一部分——附属部分。即使是"独立企业"，也必须与"官府"有千丝万缕的联系甚至勾结"官府"、仗势欺人，等等，所以，他们也跟着"官府"的崩溃而一起崩溃了）。

笔者在此打个比喻：在树结构的元素之间，犹如连接着坚硬易脆的生铁条，统一性过多，但独立性不足，存在时表现为"铁板一块"，而崩溃时却立即"粉身碎骨"。在果结构的元素之间，犹如连接着坚韧耐用的橡皮筋，既有统一性，又有相对独立性。存在时表现"合、离适度"，而崩溃时也不过"分道扬镳"，各自仍然可以独立地生长、发育。

（赵凯荣　熊传东）

第四章 权力结构的类与种及"政改"理论的不足

1．权力结构的类与种

从树结构的定义可知：对于某个结构而言，不管其元素个数如何，也不管它们的层次数究竟是多少，甚至于连元素之间权系数量值的大小以及元素、层次的分布情况也不去理会。只要该结构中任何一对有权力关系的元素之间都采用同权分割来分权，如此得到的结构就是树结构，其实是指权力结构中的一个类，即指结构中任何有权力关系的元素之间按同权分割来确定其粘结关系的一类权力结构，称为树结构类，它在大多数情况下又被简称为树结构。很显然，树结构类中包含有无穷多种树结构。

同样的，果结构、树—果结构、果—树结构分别代表了果结构类、树—果结构类、果—树结构类等等。每一类结构中都包含有无穷多种的同类结构。

（1）果结构类：指结构中任何有权力关系的元素之间按异权分割来确定其粘结关系的一类权力结构，它常简称为果结构。

（2）树—果结构类：指结构中被分界线划分成上下两个部分，且上部分中有权力关系的元素之间按同权分割、下部分在有权力关系的元素之间按异权分割来确定其粘结关系的一类权力结构，它常简称为树—果结构。

（3）果—树结构类：指结构被分界线划分成上下两个部分，且上部分中有权力关系的元素之间按异权分割、下部分在有权力关系的元素之间按同权分割来确定其粘结关系的一类权力结构，它常简称为果—树结构。

对权力结构按照上述类别的划分，称为对权力结构的一个分类。由此看来，决定权力结构类别的本质因素是权力相关元素之间各不相同的权力分割方式，至于元素的多少、层次的多少、权系数的大小以及元素、层次的分布情况如何等因素都是无关紧要的。因此，凡是元素间的权力分割方式相同，仅仅因为元素、层次的多少或分布等情况不同的几个权力结构，我们都称为同类不同种（或称为不同种别的同一类）权力结构。

又如，在长达两千多年的中国封建社会中，各个朝代权力结构的差异，只是树结构类型之中的不同种别的差异。

再如，西方发达国家的"三权分立"及其他的西方权力结构，都只是笔者这里所说的果结构（或称果结构类）中的一种结构，而果结构类中的结构种别是很多的。如通常说的西方体制的四大块：①君主立宪制（如英国、日本等）；②民主共和制（如法国、韩国等）；③联邦共和制（如美国）；④民主社会主义制（如挪威等北欧国家等）。它们的权力结构都是果结构，其差异仅仅在于结构的种别及法规细则层次有所不同而已。

在我们研究权力结构的分类之前，中外对权力结构的研究都是四类合成一类的。没有权力结构及其分类的研究，使许多问题都找不到答案，如在西方运行良好的市场经济为什么在我国不能良好运行？这是为什么？正因为有了结构分类之后就发现了市场经济与树结构根本不相容，在这种体制之下，市场经济只能沦为"权力市场经济"或"权贵市场经济"。而当我们进行权力结构的分类研究时，市场经济良好运行的条件就显现出来了。从这点意义上讲：分类研究开拓了一个全新的研究领域（这可以追溯到 20 世纪 80 年代[①]）。

同类不同种别权力结构的研究，主要指关于权力结构中元素个数、权系数值、层次设置或分布情况等方面的研究。目前，这种研究通常并不考虑元素之间的权力分割方式，而把不同类别的权力分割方式都不加区别地看成同一形态。或者更确切地说，在目前的研究中，人们所说的"结构"或"组织结构"，通

---

① 潘德冰：《结构论与社会变革》，载《政治学研究》1985 年第 4 期。潘德冰：《我国现行体制结构与社会问题》，载《政治学研究》1986 年第 1 期。潘德冰：《社会结构理论简介》，载《光明日报》1986 年 10 月 29 日。潘德冰：《结构论与社会变革》，载《政治学研究》1985 年第 4 期。潘德冰：《经济体制转换的几个问题》，载《光明日报》1986 年 7 月 26 日。

常只表示元素之间的相互"联结"（即有线相连）或"不联结"（即无线相连）的现象关系，而不管这些关系的本质内容（如单线相连或双线相连等）。笔者将其称为权力现象结构或现象结构。把前述的权力结构（其中不但要考察元素之间有无权力关系，还要考察是什么类型——附属的或相对独立的权力关系）称为权力本质结构或本质结构。再说简单一点：权力现象结构即把笔者前面讨论的树结构、树—果结构、果—树结构、果结构看成了同一种结构；而权力本质结构的划分，就刚好把权力现象结构分成了这四类本质结构。

在现有的组织、管理理论，包括目前处于热潮的现代企业制度理论中，人们关于"结构"的研究，基本上都属于权力现象结构而非权力本质的研究。对某一类型的权力结构的研究，是关于这一类型结构共性的研究，权力结构理论将更深刻地揭示出元素之间的本质粘结关系，并有利于人们提高对复杂社会现象的本质认识。

在对于权力结构类与种的研究中，笔者发现：权力结构之间种的差别，常常只表现出它们之间"量"的差异；而权力结构之间类的差别，才深刻地揭示出它们之间的"质"的不同。作为种别研究最成功的例子，如方志远、朱子彦的著作[1]。

2．实际社会与权力结构（类）的关系

必须一提的是：权力结构本身没有阶级性，它与相应社会的基本属性（如姓"资"或姓"社"等）并无必然联系。权力结构最终由生产力决定，并随着生产力的发展而必然会取得相应的形态（如树结构、树—果结构、果—树结构等等）。因此，某类结构自身的特性（或弊端），不能简单地等同于采用这类结构的某种社会制度的特性（或弊端），现举例如下：

（1）社会主义社会。苏联、东欧剧变之前，社会主义阵营较普遍地采用树结构为其权力结构。现在我们意识到：不能把树结构的种种特性（或弊端）认为是社会主义社会的特性（或弊端），也不能把树结构表现出来的规律或要

---

　　[1]　方志远：《明代国家权力结构及运行机制》，科学出版社 2008 年版。朱子彦：《多维视野的大明帝国》，黄山书社 2009 年版。

求视为社会主义社会的规律或要求。

例如，所谓斯大林模式或称苏联模式中的权力结构是树结构，但斯大林对此却没有任何察觉，在他看来这完全是理所当然的，他甚至认为树结构是社会主义社会的"基本制度"（当然，他头脑中是没有"树结构"这种概念的，他只是觉得社会主义制度只有唯一的"苏联模式"存在，而"苏联模式"就是社会主义制度的全部），直到现在，包括我国的大多数人，基本上还保留着这一观点，如大多数专家、学者所提出的改革思路，都是在保持原有的树结构类型不变的情况下的"法规细则"层次内的改革。即使在中共十八届三中全会提出"加快完善现代市场体系"①之后，专家、学者的认识有所提高，但仍旧不太显著。在《中国模式：理想形态及改革路径》②一书中，笔者证明了：在树结构体制下，必然产生"官僚主义、特权阶层、家长制"等社会现象。这就是树结构的弊端（即只要树结构存在，这些社会现象就存在），而这些社会现象的存在与社会主义属性内容无关（因同样的社会主义属性内容，如果建立在果结构的体制之下，就不会有这些社会现象出现了）。然而，斯大林不但没有察觉，反而利用了树结构的这些弊端来"个人集权"、树立他的"个人权威"等等。

照理说，赫鲁晓夫是对"苏联模式"较早时期的第一个改革者③，一般认为：他是从反斯大林"个人崇拜"开始他的"改革"的。为什么赫鲁晓夫"后来又重蹈覆辙，犯唯意志论错误，搞对自己的个人崇拜"④呢？

很显然，赫鲁晓夫的"改革理论"中没有关键的"权力结构"层次，他所谓的"改革"实际上只局限于我们所说的"法规细则"层次之内。说穿了，他的"改革"也只是我们说的"表皮"上的。当这种"表皮"上的"改革"推行到一定阶段时，看到他原来想解决的问题（如解决斯大林的"个人崇拜"问题）

---

① 中共中央关于全面深化改革若干重大问题的决定》，载《〈中共中央关于全面深化改革若干重大问题的决定〉辅导读本》，人民出版社 2013 年版，第 11 页。

② 潘德斌、颜鹏飞、吴德礼、王长江、赵凯荣、陈国荣等：《中国模式：理想形态及改革路径》，广东人民出版社 2012 年版。

③ 从严格意义上讲，我们只能称赫鲁晓夫为一个"改良者"。参见潘德斌、颜鹏飞、吴德礼、王长江、赵凯荣、陈国荣等：《中国模式：理想形态及改革路径》，广东人民出版社 2012 年版，第 65—67 页。

④ 陆南泉、黄宗良、郑异凡、马龙闪、左凤荣主编：《苏联真相：对 101 个重要问题的思考》，新华出版社 2010 年版，第 716 页。

不但没解决，反而看到了"个人崇拜"几乎是不能少的（实际上，在树结构体制下，"个人崇拜"确实是不能少的，需要看你把"个人崇拜"做到哪一种程度）。因赫鲁晓夫头脑中没有"树结构"等概念，不可能提出树结构的类型转换等措施从根本上来解决"斯大林模式"的种种问题。于是，他在"改革"的路上，总是左顾右盼、"进二步退一步"或"进一步退二步"等等。先反对斯大林的"个人崇拜"，最后自己又搞起了"个人崇拜"等这就变得可以理解了。但笔者认为：赫鲁晓夫毕竟还是对"苏联模式"的第一个改革（良）者，他的缺点与错误是必然的，是任何人处于他所在的时代都难以避免的。当然，他的"亲密战友"也在考虑同样的问题，也同样找不到答案，这才是赫鲁晓下台而他的后继者——勃列日涅夫在其执政期间为什么那样讨厌"改革"的根本原因。为什么"赫鲁晓夫的理论仍带有'左'倾色彩和那个时代的烙印"[1]呢？难道赫鲁晓夫对他的"改革"缺乏诚意吗？我们暂时还没看到有关这方面的文献，倒是有不少文献认为："进行改革确是赫鲁晓夫的本意。"[2] 产生这一现象的原因正如罗伊·A·麦德维杰夫及陆南泉等老前辈所说：赫鲁晓夫"想要同斯大林主义分手，但不是同这种制度分手。他虽同这种制度的创造者决裂，可是他崇拜由这位创始者所创造的世界。这种矛盾无法解决，但他不懂这个道理"[3]。而根本原因就在于赫鲁晓夫头脑中的"制度"概念是传统的，是不包含"权力结构"层次在内的，所以，他没有发现由"权力结构"产生的种种问题。

按照传统理论理解，"制度"不包含"权力结构"这一伟大层次，而由权力结构论所知，苏联模式恰恰是在权力结构层次上出了问题：苏联模式的权力结构与中国封建社会权力结构是同一类型（即同构），故这两类社会必然有着相同的运行功能及其弊端，如只要树结构存在（而不管它是建立在封建社会属性内容范围之内，还是建立在社会主义属性内容范围之内），就必

---

① 陆南泉、黄宗良、郑异凡、马龙闪、左凤荣主编：《苏联真相：对101个重要问题的思考》，新华出版社2010年版，第746页。

② ［苏］罗伊·A·麦德维杰夫等：《赫鲁晓夫的执政年代》，邹子婴等译，吉林人民出版社1981年版，第1—2页。

③ 陆南泉、黄宗良、郑异凡、马龙闪、左凤荣主编：《苏联真相：对101个重要问题的思考》，新华出版社2010年版，第801页。［俄］亚·尼·雅科夫列夫：《一杯苦酒——俄罗斯的布尔什维主义和改革运动》，徐葵等译，新华出版社1999年版，第202—203页。

然出现"官僚制、特权制及家长制"等等。也就是说，在树结构体制的社会中，存在着一股来源于权力结构整体性的巨大力量，会把领导者推向"官僚化、特权化及家长化"。而个人对这种力量的抵抗力量同来自树结构的结构性的"腐蚀"力量相比，犹如个人想对抗整个社会一样，往往是微不足道的。生活在树结构体制下的中国现实社会的官员，可能对这类情形有着比较深刻的理解。由于赫鲁晓夫对苏联进行的"改革"，用我们现在的话来说：只涉及"制度"的第三层次——法规细则层次的"改革"，完全没有涉及权力结构的类型转换（即结构改革）。就是说，他并没有改革"苏联模式"的核心功能部分，而只做了一些相当"皮毛"的"改革"工作。可以想象：像这样的"改革"当然不会有什么理想的结果。反过来，这种"改革"的实际效果又使赫鲁晓夫内心里越来越担心、害怕，慢慢的，他就在内心中越来越否定自己改革的初始理念（但面子上又不好讲出来）。于是，他从内心里就慢慢地又向原"苏联模式"靠拢、靠近"斯大林"了。

正因为赫鲁晓夫理论实质上是这种"坚持了树结构不变"的"改革"理论，即属于"法规细则"层次之内的"改革"理论。这等于说，赫鲁晓夫的"改革"保持的是"苏联模式"的本质，"改革"的却是它的一些"皮毛"。"从而决定了这种权力结构天生地与'左'的思潮往往是较为协调的，这就从根本上决定了：'左'的思潮（严格说来，是与结构势能性相容的思潮）在我国社会中的稳固地位；而'右'的思潮（严格说来，是与结构势能性不相容的思潮）总是处于被否定地位的这样一种状态。"[1] 故赫鲁晓夫理论"带有'左'倾色彩和那个时代的烙印"就成为历史的必然。

赫鲁晓夫时代的终结、勃列日涅夫时代的来临，充分说明了赫鲁晓夫改革的失败（虽然没有任何文字上的宣布）。这主要表现为如下几点：①赫鲁晓夫不是被"斯大林分子"赶下台的，而是"被他的亲密战友赶下台"[2] 的。②也不是对外关系方面的问题，例如，赫鲁晓夫时期，中苏两国关系僵化，曾有相互之间的"大论战"（如中共曾"九评"苏共）。"1964 年 11 月 9 日，周恩

---

[1]　潘德斌、颜鹏飞、吴德礼、王长江、赵凯荣、陈国荣等：《中国模式：理想形态及改革路径》，广东人民出版社 2012 年版，第 86 页。

[2]　陆南泉、黄宗良、郑异凡、马龙闪、左凤荣主编：《苏联真相：对 101 个重要问题的思考》，新华出版社 2010 年版，第 665 页。

来和苏共新领导会谈时，苏共中央主席团委员米高扬说：过去苏共是集体领导的，在同中共中央分歧问题上，苏共中央内部甚至在细节上也是一致的……赫鲁晓夫在中苏关系方面并没有错，当然，大论战也不是影响赫鲁晓夫领导地位的原因。"[①]③作为接替赫鲁晓夫成为苏共第一把手的勃列日涅夫针对当时柯西金所做的经济改革报告说："看他想出什么来了？改革、改革……谁还需要这个改革？而且，谁懂得改革。现在需要更好地工作，这就是全部问题之所在。"[②]④勃列日涅夫重塑的"斯大林主义化"，并不意味着勃列日涅夫要建立一个与斯大林时代一模一样的体制（用笔者的话说就是，他们都使用树结构类型来建立权力结构，但树结构的种别却不是一模一样的。其实，就是斯大林或勃列日涅夫时期之内，他们使用的树结构体制的类型却是一模一样的），其基本含义是指"保持和重建斯大林时期的秩序和机制"③。这正是本书所讲的由树结构决定的国家"秩序"——社会树序及其功能等问题（也是人们至今不太熟悉的问题）。

由以上四点可以看出：赫鲁晓夫是因为他的改革"理论不足"而实在走不下去之后被他的"亲密战友"推下台的（他的"亲密战友"当时也肯定与赫鲁晓夫有类似的想法及担心，但他们同样"心照不宣"，他们可能认为"去掉赫鲁晓夫"后就能解决存在的问题了）。于是，以勃列日涅夫为首的苏共新领导集团放弃了赫鲁晓夫的"改革"，而回归到"斯大林主义"怀抱之中。但从个人素质等方面上看：勃列日涅夫"平庸无才，在思想理论上保守僵化，性格上软弱，爱好虚荣、阿谀奉承，作风上贪图安逸、不勤奋刻苦"，他"执政的十八年是苏联逐渐由兴盛走向衰亡的关键性转折时期，它为勃列日涅夫身后苏联社会中各种矛盾和冲突的爆发……为不到十年后苏联的解体准备了土壤和条件"。④

---

① 陆南泉、黄宗良、郑异凡、马龙闪、左凤荣主编：《苏联真相：对101个重要问题的思考》，新华出版社2010年版，第813页。

② 陆南泉、黄宗良、郑异凡、马龙闪、左凤荣主编：《苏联真相：对101个重要问题的思考》，新华出版社2010年版，第836页。

③ ［俄］格·阿·阿尔巴托夫：《苏联政治内幕：知情者的见证》，徐葵等译，新华出版社1998年版，第213页。

④ 陆南泉、黄宗良、郑异凡、马龙闪、左凤荣主编：《苏联真相：对101个重要问题的思考》，新华出版社2010年版，第846页。

　　由《权力结构论》、《中国模式：理想形态及改革路径》可以知道：苏联模式的根本问题是权力结构为中国传统的树结构的问题，这个结构不但不能充分体现出社会主义属性内容，它所体现出来的现象恰恰与社会主义属性内容相反，即出现了所谓的"异化"现象。如社会主义属性内容规定"人民民主"，但我们看到的却是"为民做主"（即官员为民做主）；社会主义属性内容要求"按劳分配"，但我们看到的却是"按权分配"；在这种体制下，"法治"变成了"人治"，活生生的人却变成了"只能按上级指令运转"的螺丝钉……树结构还是社会腐败之源；树结构又是"官本位，特权现象、家长制现象"产生之源，等等。在斯大林时期，这种树结构体制就集中了大量的矛盾和冲突，赫鲁晓夫没有找到产生这些"矛盾与冲突"的树结构这个根，勃列日涅夫又在树结构体制下维系了十八年，可以想象：勃列日涅夫这十八年集中的矛盾及冲突将是多么的深刻、激烈及广泛，随后，是不可能改变社会问题及面貌的两位老人（安德罗波夫与契尔年科）相当短期的执政。正是在这种情形下，年轻有为的戈尔巴乔夫上台了，开始了他大刀阔斧的改革（包括政治体制改革）。

　　戈尔巴乔夫提出要对苏联模式进行根本性的改革，然而他却彻底失败了。归纳起来，可以说他太着急了。本来，对苏联模式进行根本性改革的想法是好的，但是要做到以下几点：①必须弄清楚：苏联模式的根本性缺陷是什么？在没有搞清楚之前，一定不要有任何实质性的改革动作，这叫改革的准备期。这一时期最好只做两件事：大造改革舆论（包括暴露旧体制的种种弊端）；抓紧探讨旧体制的根本缺陷何在（也可以在某些级别的内参上交流、讨论、批驳等，但绝对不要乱扣各种政治性帽子），补足赫鲁晓夫时期的"理论不足"。②在彻底弄清根本缺陷之后，还要全民反复论证它的正确性。③根据这些根本缺陷性，制定出保证党的领导之下的改革方案（这方案最好是可以推倒重来的）。④进行改革方案的试点测试。⑤改进试点方案，再试点或者进行较大面积的试点，慢慢（但不是不动）地推向全国。

　　戈尔巴乔夫的失误，根源仍在于"理论不足"就"匆忙上阵"。首先，他当时的主要著作《改革与新思维》指出[①]："改革的根本问题……所遇到的障碍正是僵化的权力体制，这个体制的行政强制结构。"应该说对苏联模式的问题他

---

　　① ［苏］米·谢·戈尔巴乔夫：《改革与新思维》，苏群译，新华出版社1987年版。

还是比较了解的,其看法已经非常接近权力结构理论,但他太着急了,终于没有走进权力结构理论,特别没有怎样解决现实权力结构(即如何改革)的问题,等等。国内学界对戈尔巴乔夫及其理论有众多评价,而陆南泉等老前辈在《苏联真相:对101个重要问题的思考》中的评论是比较公允的。陆南泉等指出,按戈尔巴乔夫自己的说法:"此书不是学术著作,也不是宣传性论著,但'是以一定的价值观念和理论前提为依据。这多半是对改革,对我们面临的问题,对变革的规模,对我们的时代的复杂性、责任和独特性的评述和思索'。"① 大体上说,"新思维""从国内来讲,提出对原有的体制必须进行刻不容缓的根本性改革,改革是'第二次革命',改革'将发生第二次飞跃',通过改革使社会主义有个新的面貌。"②很显然,这里讲的"根本性"、"革命"、"飞跃"及"新面貌"等词汇有它含义"模糊"的一面,远远没有我们的"树结构"、"果结构"及"结构的类型转换(即结构改革)"这些概念的含义明确。戈尔巴乔夫的书给人的印象好像是:只说明了戈尔巴乔夫对体制改革的决心很大、很坚定、很迫切,但问题究竟在哪里,要改革成什么样子等,他的书仍然没说清楚,远远不如权力结构论讲得透彻。①苏联模式的根本弊端是权力结构为树结构的问题。②改革的最终结果是建立起以果结构为权力结构的社会主义社会。③(若干个)过渡时期,均以树—果结构为权力结构,等等,多么清晰、透彻、光亮及鲜明。④在第一章第7点第(6)条中笔者强调要"用'封建主义'来消灭'封建主义'",就是说,在改革的一定阶段,要保留树—果结构体制。⑤我们的改革是可逆的,即可以推倒重来的。其次,正因为戈尔巴乔夫对树结构缺乏深刻认识,他不了解整个苏联就是在树结构之下"联合"起来的。在他没有对树结构深刻了解之前,就做出了各加盟共和国"独自参选"的决定,这实际上破坏了树结构的联结方式,为"苏联解体"提供了十分重要的方便(甚至于可以说是根本)之门。更为重要的是:这种旧体制解体之后,并不可能带来社会主义果结构体制的自然诞生。结果笔者发现:苏联所发生的一切都完全符合这个逻辑。

(2)资本主义社会。前文已经提到,当今的资本主义社会通常有四大板块,

①　陆南泉、黄宗良、郑异凡、马龙闪、左凤荣主编:《苏联真相:对101个重要问题的思考》,新华出版社2010年版,第974页。

②　陆南泉、黄宗良、郑异凡、马龙闪、左凤荣主编:《苏联真相:对101个重要问题的思考》,新华出版社2010年版,第974页。

它们的权力结构都是果结构。其中，除君主立宪制之外的三个"板块"都是标准的果结构，而君主立宪制则是在标准果结构上加了一个"君主"，虽然它与广大国民中任一个都没有形成"环"状的权力结构，但它在国家事务中往往只有象征性意义，这就是伟大的政治"智慧"（英国人的政治智慧[①]）的结晶。

在整个人类社会中，关于权力分割法则，因只有同权分割法及异权分割法两类，故社会上常见的权力结构也只有两类，即树结构及果结构，而其他类型的权力结构，如树—果结构等都是一些过渡形态。树结构是传统的、过时了的权力结构，而果结构是近现代化的权力结构。

果结构的社会运行、控制等功能极好，它的秩序及稳定性也很好（秩序适合于市场经济的秩序运行、控制，稳定性比树结构也好多了）。资本主义社会建立在果结构体制上，人们把果结构本身具有的种种优点，也认为是资本主义社会的优点了，这是一个极大的认识错误。例如：果结构体制下的文化，通常具有科学精神，即易中天教授所说的："就是怀疑精神、批判精神、分析精神和实证精神，是这四种精神之总和。"[②] 在这类结构之下，是提倡怀疑、批判与分析的，也允许去实证。或者说，果结构对任何事物都有怀疑、批判、分析及实证的功能。但建立在果结构体制下的资本主义社会，"以资本为本、为主义"的原则，反而会制约科学精神的进一步发扬及宣张，如某财团或明或暗地对某事物实证过程的阻挠，但是这毕竟不是由权力结构层次决定的较为普遍的社会现象，只属个别现象。

又如，民主、法治、自由、人权、平等等功能是果结构所具有的。也就是说，任何社会制度只要建立在果结构体制上，它就有民主、法治、自由、人权、平等等社会功能。"三权分立"是果结构中的一种，而建立在"三权分立"体制上的资本主义社会，就有了"民主、法治、自由、人权、平等"等社会功能。但我们应该看到：在资本主义社会中，它的这些社会功能其实极不完整，还要受到资本主义社会属性内容的约束，而资本主义社会是"以资本为本、为主义"的社会，因而它的任何"民主、法治、自由、人权、平等"等社会功能都要打

---

① 潘德斌、颜鹏飞、吴德礼、王长江、赵凯荣、陈国荣等：《中国模式：理想形态及改革路径》，广东人民出版社2012年版，序一。

② 钟道然：《我不原谅》，生活·读书·新知三联书店2012年版，序。

上"金钱的烙印"。这正如列宁所指出的那样："资本主义社会的民主是一种残缺不全的、贫乏和虚伪的民主，是只供富人、只供少数人享受的民主。"[①]也如杨继绳先生所言："知识分子不当行政权力的奴隶，有赖民主制度的建立和完善；知识分子不当资本的奴隶，这种制度还在探索之中。"[②]杨继绳先生的话非常明白地告诉我们：就是实现了"西方民主制度"，知识分子可以不当"行政权力的奴隶"，但仍旧要当"资本的奴隶"。这就是说，"西方民主制度"仍然存在"资本剥削"。这可以看出：资本主义社会由"三权分立"所给出的"民主、法治、自由、人权、平等"等社会功能是极其不充分的。武汉大学教授伍新木在给《中国模式：理想形态及改革路径》一书所写的"专家推荐"[③]中指出："人类的理想社会是'人本社会'，把人从'权力的异化'、'金钱的异化'中全面解放出来，回归为真正意义上的人。人本社会实现的全部条件是物资的极大丰富，像泉水涌流，即共产主义社会。中国背负几千年'权本社会'沉重的历史包袱，又历经'钱本社会'的种种阵痛、腐败泛滥的困扰，只有力倡民本、人本社会，认真清算权本社会遗毒，又用厉法抑'钱本社会'弊端，才有好的愿景。本书就是如何从根本上改变中国'权本社会'包袱，法抑'钱本社会'弊端的始作。"如中国封建社会是一个"权本社会"，西方的资本主义社会是一个"钱本社会"，而社会主义社会的本质上是一个"人本社会"。在我国社会前三十年的改革中，既有"权本社会"留下的痕迹（指树结构体制的保持而留下的封建"痕迹"），又有"钱本社会"的味道。通过权力结构的类型转换（即结构改革），我们自然而然地摆脱了"权本社会"，而通过大众股份制的实施，"钱本社会"的味道也差不多消失殆尽了。像"文化大革命"中那样坚守树结构体制，以"封建主义"反资本主义，结果失败了；而现实社会中若再坚守树结构体制，用"封建主义"来建设社会主义，仍然不能取得成功。

由于资产阶级把"果结构之'三权分立'"抢先据为己有，建立起了相应体制的资本主义社会。从而使我们的一些（思想往往有些偏"左"的）同志，

---

① 《列宁全集》（第3卷），人民出版社1995年版，第348页。

② 杨继绳：《三十年河东：权力市场经济的困境》，武汉出版社2010年版。

③ 潘德斌、颜鹏飞、吴德礼、王长江、赵凯荣、陈国荣等：《中国模式：理想形态及改革路径》，广东人民出版社2012年版，"专家推荐"第5—6页。

没有分清资本主义属性内容与权力结构之间的层次关系，把"三权分立"的果结构也看成了资产阶级特有的"专利权"，谁要使用"三权分立"，谁就是搞"资产阶级自由化"或"全盘西化"。而另一些（思想往往有些偏"右"的）同志，也没有分清资本主义属性内容与"三权分立"果结构的层次关系，他们强调，在中国只有搞资本主义才有出路，从而要建立起"三权独立"体制，等等。他们实际上把"三权独立"也看成了资产阶级的"专利品"。笔者承认："三权分立"确实有一些缺陷，如"它的根本不足之处就是，把中国共产党的领导给湮灭了"[①]。在《中国模式：理想形态及改革路径》中，笔者已经讨论了在中国共产党领导下的"东方民主制"，且更加具体地讨论了这种新型的社会主义的"果结构体制"的建立。"果结构"，这个"整个世界中漫长的历史过程中共同形成的文明成果，也是人类共同追求的价值观"[②]，终于被应用于社会主义事业之中了。

（3）中国及改革。1949年后，中国建立了社会主义制度，但这个"制度"与苏联模式是一样的（主要指他们的权力结构同类，即都是树结构类型）。在毛泽东时期，包括赫鲁晓夫时期，中苏两国之间"闹翻"了，也只是在"法规细则"层次内有些"政策性"的变化；而权力结构类型没有变化，最多有一些权力结构的种别调整而已。

中国历经了三十多年的"改革"，虽然规模宏大，但所有的"动作"几乎都是在"法规细则"层次之内进行，在权力结构层次内，最多也只有"种别"调整，而没有"类别"的转换。这种改革，不过比仅限于"器"变但"道"不变的晚清的"洋务运动"[③]有着更大的规模而已。笔者在《中国模式：理想形态及改革路径》[④]中指出：没有运行社会秩序（即社会树序）的改革，就不能形成良好的市场经济环境，就会因腐败而导致中国改革的失败。

道理很简单：①树结构与计划经济是协调的，它能促进计划经济的良好

---

① 潘德斌、颜鹏飞、吴德礼、王长江、赵凯荣、陈国荣等：《中国模式：理想形态及改革路径》，广东人民出版社2012年版，第139页。

② 温家宝：《让人民生活得快乐幸福》，载《楚天金报》2007年3月17日。

③ 冯天瑜：《明清文化史札记》，上海人民出版社2006年12月版，第332页。

④ 潘德斌、颜鹏飞、吴德礼、王长江、赵凯荣、陈国荣等：《中国模式：理想形态及改革路径》，广东人民出版社2012年版。

运行，形成计划经济的良好环境；树结构与传统的中国文化也是协调的，中国传统文化正是在两千多年的树结构的支持之下，成长得如此根深叶茂的。②但树结构与社会主义属性内容有尖锐矛盾。我们知道：人们对世上任何事务或规律的认识，都有一个"由表及里、由浅到深"的过程。曾几何时，当整个体制出现问题时，人们首先看到的是"计划经济"与社会主义属性内容的不相适应。于是，便提出了"市场经济"方向的改革。就这样，把"市场经济"引进来，并嫁接到我国传统的树结构之上了（成了我们三十多年以来的改革）。但现在我们发现：树结构不但不能促进市场经济的良好运行，还带来许多问题，如贪腐现象越来越厉害，人们的诚信度越来越低，道德水准越发低下。《中国模式：理想形态及改革路径》已证明：中国目前的所有问题，都是树结构存在的问题。如社会的"诚信度的高低、道德的好坏"问题，但它最终还是取决于权力是否得到权力的制衡的问题，即取决于权力结构的类型问题。而树结构几乎没有权力制衡的功能，其中唯一的"上级对下级"的那种制衡作用极小，三十多年的实践证明：在宏伟、浩大的市场经济中，这种"上级对下级"的制衡根本起不了作用，因为中国的传统文化是"用人不疑，疑人不用"的，而我们国家的"下级"都是"上级"费了很多心思挑选上来的，要他对"下级'动武'"，就好像是"你左手生个大疮，用右手开刀来挖，下不了手啊"。这正如《炎黄春秋》原社长杜导正先生讲的那样："权力必须受到制衡，不能靠道德来制衡，我们现在表扬几个道德模范，没有用啊。"①在树结构的现实社会面前，中央感到很无奈：如：A. 虽然马克思主义同中国传统文化并非"同祖同宗"，但为了在树结构之下把二者统一起来②，我们被迫在坚持马克思主义原则之下，又加深传统文化的学习，在世界各地举办了许多孔子学院；B. 面对"左""右"派别的论战而只能静观其变、不敢言其对错（当然，我们并不要求对每一种观点都表示"对或错"，这里主要说的是：中央常常表现出"一种过于麻木的神态"）；C. 不加强权力制衡，从而获得社会诚信、道德的好转，而只能依靠多多表扬道德模范这种唯一的措施（当然，这一措施是任何社会促进其诚信、道德良好所必需的，但它不是充分条件，

---

①　杜导正：载网易微博，2012 年 10 月 5 日。

②　潘德斌、颜鹏飞、吴德礼、王长江、赵凯荣、陈国荣等：《中国模式：理想形态及改革路径》，广东人民出版社 2012 年版，第 129 页。

社会诚信、道德良好的充要条件是需要权力制衡的社会），等等。其实，摆在我们面前的就是如下两种态度：A. 逐步改革树结构，如笔者书中讲的那样，进行结构改革不但会保证我们改革的成功，还会建立起以果结构为权力结构的社会主义社会，而它在民主、法治、自由、人权、平等等各方面都远远优越于资本主义社会。B. 基本上保持树结构不变。在保持树结构不变的基础上，绕开（或免谈）结构改革，即如前三十年的改革那样，只进行"法规细则"层次内的"政策性改革"。前面已经证明了：这种保持树结构类型不变的，即仅仅使"改革"局限在"法规细则"层次之内，哪怕动作再大些的"改革"，都注定不会成功。

（4）"形式上承认公民一律平等"究竟是什么意思？由社会模式体现出来的"民主、法治、自由、人权、平等"等分别被称为相应社会的形式（或程序）民主、法治、自由、人权、平等等，即在形式（或程序）上要求做到保障公民在政治、经济、文化和社会生活各个方面享有同等的权利，建立人与人之间的和谐关系。例如，列宁就曾讲过："民主意味着在形式上承认公民一律平等。"[1]

什么是"形式上承认"呢？长期以来，人们实际上一直把它理解为：就是在法律、法规、方针、政策等"文字条文上的承认"。只要在宪法及法律条文上写出来了，就算在"形式上承认"了。例如：当"人权"[2]作为法律条款在全国人民代表大会上通过的时候，人们表现出来的那种高兴的样子，就好像是"尊重保障人权"真的"迈出了大步"那样的令人兴奋。其实，这完全是一个误解。诚然，"在形式上承认公民一律平等"首先是需要将有关内容表述为文字条文的，即首先是"文字条文上的承认"。但仅仅有这些文字上承认的条文是远远不够的，问题的关键是从法律的运行（即实施）条件来看，它有赖于相应体制模式的权力结构层次的功能性保证。因此，"形式上承认"应理解为在体制模式（即构成形式）上的承认，即由模式体现出来，并可以为人民在社会生活中实际享受到的承认。例如，"文化大革命"中之所以使中国《宪法》这个国家的"根本大法"成为"根本无用的大法"，连国家主席都不能受到《宪法》规定的公民权利的保护，其根本原因就在于：在势能

---

[1]　列宁：《列宁选集》（第3卷），人民出版社1995年版，第257页。

[2]　张红：《尊重保障人权迈出大步》，载《人民日报·海外版》2012年3月9日。

社会[1]中，宪法的实际运行，是有赖于势能作用的。一旦失去了某种势能作用的推动，任何"大法"都会变得无能为力。其实，稍微想一下：在势能社会中，有势位势能的存在，就根本做不到"公民在法律面前一律平等"。要实现列宁的希望，即要"形式上承认公民一律平等"，只有在果结构体制中，公民首先在结构上平等之后才有可能。由此可知：形式（或程序）民主、法治、自由、人权、平等等主要是由相应的权力结构体现出来的，法规细则只起到尺度与微调的作用，因此，我们常把相应模式中的权力结构层次，看成形式民主的集中体现形式。

3．从重庆"3＋X"制度的探索，看中国"政改"的"理论准备不足"

2012 年 12 月 19 日，重庆江北区复盛镇党委书记滕刚在接受记者采访时说："现在，我能从繁琐的事务中摆脱出来，集中精力理思路、抓大事、谋发展，这得益于一把手不直接分管制度的试点。"[2]

（1）避免"一言堂"：一把手不直接分管。

2013 年 2 月，江北区纪委在全区 8 个单位试点一把手"3＋X"不直接分管制度，复盛镇成为唯一试点镇。此后，滕刚从大小事情都要管的状态中解脱出来，只把关方向及监督。

所谓一把手"3＋X"不直接分管制度，即将各单位普遍具有的财务、人事、采购三项"共性权力"及部分单位具有的工程建设、行政审批、行政执法等"X"项"差异化权力"实行副职分管和正职监督，从而制约一把手的签字权、话语权、操控权等要害权力，进而从源头上防治和减少一把手腐败的几率。

从管理多项事务到只负责监管，是不是削弱了党政一把手的权力？复盛镇镇长廖光洪并不这么看，他说：这让自己从分管具体工作中解脱出来，"避免了在人事、财务等敏感领域一把抓、一言堂、一支笔现象，实际上对干部是一

---

① 势能社会，即以树结构为权力结构的社会。参见潘德斌、颜鹏飞、吴德礼、王长江、赵凯荣、陈国荣等：《中国模式：理想形态及改革路径》，广东人民出版社 2012 年版，第 12—21、166—179 页。

② 何清平：《重庆江北新探索：分权制衡一把手》，载《重庆日报》2012 年 12 月 21 日。

种保护"。

江北区国税分局局长周远游在一把手不直接分管制度中也尝到了甜头，尤其是在敏感的人事问题上，这项制度的积极效应得到充分体现。"一把手表了态，其他人就不好再提不同意见。"周远游说，不直接分管后，由分管副职推荐，其他副职畅所欲言，自己末位发言，消除了班子成员之间、干部与群众之间的猜忌和误会，促进了内部团结和谐，对加强党风廉政建设、增强班子的战斗力发挥了重要作用。

（2）分权制衡：源头治理的一项重大改革。

"不直接分管，不代表甩手不管。"江北区市政园林局党委书记马思健的感受是"放权与监督同步推进，一把手肩负起监督责任"。该局根据本单位情况，将"X"确定为工程建设、项目审批和行政执法，并设置过渡期，"我们细化了8个制度，配套'3＋X'制度"。

比如，财务方面，一把手不直接签字后，该局建立了每月财务明细汇报制度、大额资金集体会审制度；工程建设方面，对工程合同进行细化，施工合同、设计更改等超过一定金额必须集体讨论，等等。该局负责人称，这也避免了将风险和责任向副职转移。

江北区纪委书记周瑜泉说，该区试水一把手"3＋X"不直接分管制度有其特殊背景。近几年来，江北区个别部门一把手先后落马，引起江北区警醒，纪委对此进行了深入剖析。"权力过于集中，上级不好监督，下级不敢监督，监督不到位是根本原因。"

周瑜泉表示，一把手"3＋X"不直接分管制度被视为该区分权制衡、源头治腐的一项重大改革。"我们的最终目的，是从制度层面改变权力结构过分集中、权力监督相对弱化的执政现象，通过合理分权，建立健全决策权、执行权、监督权既相互制约又相互协调的权力结构和运行机制，从而达到预防和减少腐败发生的目的。"

（3）将逐步在全区推广。

随着探索的推进，各试点单位的实施举措各具特色，除了该区国税局、复盛镇、五里店街道在"三重一大"决策时坚持主要领导"末位表态制"；该区安监局围绕重点涉及的行政执法、财务审批两方面内容，规范了16项制度；区发改委针对财务、人事、物资采购、行政审批、行政执法等权力，分别成立

5 个工作小组，部门纪检监察组织全程参与决策、执行的监督，变个人决策为集体决策；区房管局在重大财务开支、重大物资采购方面，实行了"预算申报制"和"领导会签制"……"我们希望通过不同部门的探索，形成解剖麻雀式的不同经验"。周瑜泉说，下一步江北区将在充分试点、健全制度、总结经验的基础上，逐步在全区范围内推广。

评论：首先，笔者承认此项"改革"确实是关于"权力结构"的变化，但是不是关于权力结构的类型转换，而只是权力结构的种别变化（即变化前后的权力结构都是树结构）。这种做法不会带来我们前述的"由权力结构类型转换"而带来的巨大变化，原因如下。

①这种保持树结构不变型的改革毫无意义，笔者证明了，"我们当前的'社会主义市场经济'，既有社会主义不足，又有市场经济不够"。它根本保障不了社会主义市场经济的良好运行；又如，在树结构存在的基础上，根本就建立不起来一个法治社会；再如，在树结构体制的作用下，我们也根本建立不起来一种"社会主义核心价值体系"观（见本书第五章）；等等。就凭这些可以看出，"3＋X"制度改革仍旧是一种"表皮"改革，远远达不到改革的目的。

②署名"猫眼看人"者认为[①]：大学期间就听说"权力导致腐败，绝对权力导致绝对腐败"，所以为了防腐拒变要用权力制约权力。自文艺复兴以来，人类社会最大的珍贵变化就是实现了对统治者的"驯服"，民主共和制"实现了把他关在笼子里的梦想"，所以近代以来，人权状况有了极大改善，社会生产力极大释放，创造了任何时代都无法创造的财富。行政机关的职责在于执行国家权力机关通过的决议，不能为了防腐拒变就牺牲行政机关的行政效率。行政机关在执行国家有关方针政策的时候，其实跟军队是相似的，"以服从命令为天职"，为了达到权力机关通过的法律所规定的效果，行政机关的首长就需要有足够的权力，以保证令行禁止，这是行政机关的本质属性。至于防腐拒变的问题，应该是属于权力机关，也就是人大对政府的监督，属于纪检监察部门、检察院、法院等司法系统对行政官员的监督。公共部门之间只有各司其职，才能理顺关系，才能取得良好的防腐拒变效果。在单位内部，其实"一把手"的权威是没有人能够取代的，权分了仅仅是多了一道手续而已，如果"一把手"要腐败的话，带上副职一起干就行了，重庆市江北区的做法对防腐拒变毫无裨

① 猫眼看人：《重庆分权制衡一把手，难！》，载凯迪社区，2012 年 12 月 21 日。

益，还是在鼓励腐败窝案，要想真正起到防腐拒变的作用很难。

评论：①《中国模式：理想形态及改革路径》就是把由树结构决定的"无法无天"的"权力"关进"笼子"里的一次尝试，即由最终由果结构决定的权力，将完成这一伟大任务。②和树结构相比，果结构中的"权力"概念，有比树结构体制之下更大的权力（特别是自主权），这有利于政府权力的高度集中及使用。更适合"猫眼看人"所讲的"行政机关的首长就需要有足够的权力，以保证令行禁止，这是行政机关的本质属性"。③这个体制的建立，是对官员的真正的保护与腐败的预防，而不会像上述重庆的"3＋X"制度改革那样，仅仅在开始的时候给人们带来一点新鲜感，随后就是现菜一碗，甚至腐败更严重（如集体贪腐等）。

从上述重庆抛出的"3＋X"制度改革来看，中国政改的理论准备确实太不足了。

4．"政改""理论准备不足"？究竟怎样看?

近来，《人民论坛》发表了国防大学教授公方彬的文章[①]，引起了汉张良、喻培耘、肖禾及"Weeks6609"[②]等人的立即响应，并做出了不同的回答。针对公方彬教授的观点(以下称"公文")及"反方"的观点，笔者选择了"Weeks6609"的文章做第三方评论。详情如下：

公文说：

我们研究新政治观，实质上是以世界政治生态变化为参照，对政治意识、政治主体、政治行为与政治体制、政治权力运行诸内容所作的符合时代要求的新概括、新设计。

评论：公方彬教授这种新政治观很对。《中国模式：理想形态及改革路径》及本书完全适合公方彬教授的上述想法，并指出了体制概念中应包含权力结构这一重要层次，以及它在社会系统中的各种社会功能及作用等。

---

① 公方彬：《新政治观：创新点与突破》，载《人民论坛》2012年10月（上）。

② Weeks6609：《"政治改革迟迟不启动是理论准备不足"的观点是错误的》，载新浪微博，2012年10月15日。

"Weeks6609"评述：

近日，人民网一篇署名公方彬的文章解释迟迟未政改的原因，看后疑云顿起，细细思量，发觉他解释的原因不能成立，而最终目的还是要拖延政治改革。众所周知，本届最高领导很快将要换届，喊了7—8年的政治改革一直没有动静，如今到了届末，不可能再启动政治改革，这篇文章大概就是给人们对政治改革迟迟不能启动一个"交代"。不管政治改革何时实行，但文中的观点还是应该予以适当的评议，否则，人们在不明真相之时思想会变得更加混乱。

评论："Weeks6609"等想推进政改的心情是可以理解的，但当前的"理论准备不足"也是事实（而不管"准备不足"的原因是怎样，这"理论准备不足"就是事实），如本章第3点所介绍的："3＋X"政改措施离真正的政改理论实在是相差甚远（这只要看看《中国模式：理想形态及改革路径》、《权力结构论》也就明白了），从这里就可看到我们的"理论准备"确实不足。若"Weeks6609"等看懂了前面提到的这两本书，也会认为现在确实是这样的。

公文说：

中国共产党走过九十年的历程，期间实现了马克思主义的两次飞跃，第一次是毛泽东创造性地发展了马克思主义，取得中国革命的胜利，解决了民族独立问题。第二次是邓小平创造性地发展了马克思主义，取得中国改革开放的成功，有效解决了民生问题。那么，要实现马克思主义的第三次飞跃，保证中华民族崛起于世界，保证社会主义焕发青春和活力，出路在民主政治，支点在确立新政治观。

"Weeks6609"评述：

开放改革是否成功，不能单凭一些经济数据下结论，邓小平原来就说过"如果改革不能保证共同富裕，这样的改革就不能说成功"（大意），现在的社会贫富鸿沟越来越大，生活艰难的群体十分庞大，道德严重下滑，人们失去理想和信仰，官员贪腐严重，社会及法治严重不公，群体事件层出不穷，政府信用和威信都降到最低点，经济数据再高，政府再有钱，生活也不和谐幸福，国富民穷，难道这也叫成功？开放改革的结果充其量是改善了基本的生活条件。

评论："Weeks6609"的评述基本上是对的。公方彬教授那种认为邓小平"取得中国改革开放的成功，有效解决了民生问题"的说法，似有"溢美之嫌"（因邓小平讲："我们所有的改革最终能不能成功，还是决定于政治体制改革。"但中国的政治体制改革还没开始呢，就说"中国改革开放的成功"似乎早了点）。但是，怎样保证共同富裕，保证改革成功？怎样保证贫富鸿沟的不增大、道德的不下滑？怎样才能抑制腐败、国强民富、人民生活幸福？这都首先需要强大的理论支持，而这些理论，目前也深感"准备不足"。笔者的研究虽然已经解决了这些问题，不是一个或几个方面的问题的解决，而是从根子到细节方方面面的所有问题的解决（至少是人们目前能够提出来的问题的解决），可以说政治体制理论已经非常足够了。（见《中国模式：理想形态及改革路径》与《权力结构论》）但是，由于笔者的理论目前远远还没有在人们心目中普及并被接纳，所以，现实的中国，还是应该看成"理论不足"的国度。

公文说：

有一个现象在较长时间里让人困惑，为什么在我国经济社会实现巨大发展的情况下，民众的幸福指数并没有得到相应提高，相反社会矛盾大量积聚，冲突燃点不断下降？原因是多方面的，其中重要一点是政治体制改革未能跟上时代的要求。经过三十多年的改革开放，我国的经济体制较计划经济已经发生翻天覆地的变化，经济基础决定上层建筑，在经济体制改革已经走出很远的情况下，政治体制改革裹足不前，必然导致错位，进而产生矛盾和冲突，小则羁绊中国共产党提高执政能力，影响经济持续快速高效发展，大则危及执政。

逻辑和结论清楚，为什么政治体制改革迟迟未上路？有人认为源于既得利益集团的阻挠，稍加分析便发现仅此不足以解释现存的矛盾和问题，因为不改革死路一条，那时既得利益将丧失殆尽，故即使为了保护既得利益也不会拒绝改革。

"Weeks6609"评述：

不改革死路一条，这话不全对，有的改革越改越坏，如教育改革，改过后学费猛涨，农村义务教育反而不能保证所有农村子弟都能上学，中小学课程全都变成填鸭式应试教育，为了升学率，所有学生都被迫背负超重的学习负担，每天学习时间超过15个小时，健康状况逐年变差，大学课程很多学而无用，就业条件还不如中技或大专毕业生，迫使很多毕业生出国解决毕业后的前途。

医疗改革更是改革就死、不改革反而还好的例证。改革前，国家企业的职工都有公费医疗，职工的孩子看病半费，农村人看病有基本的赤脚医生制度和公社卫生院。公费医疗是当时国人自豪的社会主义优越性之一。改革前没有听说企业职工因看不起病回家等死，或一人得病全家返贫的，也没听说看病贵、看病难，所以政府都承认医疗第一次改革是失败的。这只是对百姓享受的医疗待遇进行的改革，而最需要改革的少数人占用大多数医疗资源的情况却一直不予改革，他们不改革，走进死路了吗？显然，这个论断是选择性使用的。

另外一个例子是国企改革，以前我们的企业基本都是国企或集体性质的，国企改制，虽然中国的经济有很大发展，但国企改制的功劳到底有多大是很难说清的，因为国企改制直接造成的负面结果都是有目共睹的：2 000万职工下岗陷入贫困，国有资产大量流失，贪官坏官大量涌现，垄断的更加垄断，原来没有的垄断却产生出新的垄断，后来还发生了国进民退的局面，民企经营比国企普遍困难好几倍。国企改革最大的效果是减轻政府负担，让政府变得越来越有钱而职工阶层却越来越明显地成为最底下的阶层。所以，"不改革是死路一条（意味改革就活）"并不完全正确，正是改革不当，才造成千万职工工作寿命提早消亡，民企职工待遇普遍低于国企，以及让全体企业职工的社会地位变得更低。

评论：关于让人困惑的现象的解释，公方彬教授的说法是对的。对既得利益集团对改革的阻挠，公方彬教授的说法也八九不离十。我们所说的政治体制改革即权力结构的类型转换，是真正的体制改革，而不是"针对人的革命"。在刚开始时，人们因对其不太了解，可能有些紧张（特别是官员）。但完成政改之后，绝大多数人都会觉得政改很好，有大大地松了一口气的感觉。这中间只需要把握好政策：注意关键之点是进行政改，不要把"政改"演变成"对人的革命"就行了。

"Weeks6609"的评述"不改革死路一条，这话不全对，有的改革越改越坏"这句话也是对的。但这与公方彬教授的说法其实是一样的：一个（指"Weeks6609"）是从具体改革上说的，一个（指公方彬教授）是从经济、政治体制等总的方面来谈的。正因为有公方彬教授说的"因"，才有"Weeks6609"说的"果"。"Weeks6609"分不清这些，却用自己的"果"去驳斥公方彬教授的"因"。这也充分说明：中国的改革，是体制的改革，特别是体制中"权力结构"层次的改革（即"行政改革"）。但我国三十多年来的改革，基本上都是局限于"表皮"（即"法规细则"层次）上的改革。只有包括权力结构层次上的体制改革（即结构的类型转换），才会真正解决中国问题。

公文说：

也有人认为缘于执政党出现精神懈怠，缺少必要的勇气和改革热情，不敢触及民主政治，担心政治民主最终与权力集中的领导体制相冲突，危及执政权。初看这抓住了问题的要害，实则不然。共产党并非天生反民主，列宁说过，没有民主不能实现社会主义，中国共产党十七大报告强调"社会主义民主是社会主义的生命"。对于一个没有自己利益且由先进分子组成的政党，其存在的理由和强大号召力就来自反对国民党不民主，取得胜利也是因为坚持了民主。毛泽东在《井冈山的斗争》一文中指出："同样一个兵，昨天在敌军不勇敢，今天在红军很勇敢，就是民主主义的影响。"理论是清晰的，问题是考察历史与现实，我们又不能不承认，确实出现过甚至今天仍然存在着民主不充分的状况。我们因民主而产生和发展，却又因民主建设滞后导致矛盾丛生，为什么？不是惧怕民主，而是很大程度上缘于理论准备不足。

"Weeks6609"评述：

人民质疑上层不敢触及民主政治，事实证明不是不敢而是不愿，"坚决不学西方那一套"就很明确地表达了我们的观点，多年前我们搞了村镇干部的民主直选，但仅此而已，再也没有往上推进。人大会的代表60%—70%都是官员，各行业的代表自然就少得可怜，近几年很多人呼吁改革人大会代表构成，但反应冷淡，就可以看出权力者的意愿。

关于改革之前必须要有理论指导，这不是基本的现象，历代农民起义从来都不需要理论先行，我国历个朝代延续的时间有长有短，谁听说朝代长的是采用了什么先进的理论，朝代短的是用什么落后的理论来指导的？马克思的理论中也没有"农村包围城市"的内容，当年"反右"也是一种变革，运动的开展是依据什么理论？马克思反对剥削的理论，我们在经济改革中也没有坚持。

评论："改革"已经三十多年了，还没"政改"，而出现一些"精神懈怠"者，也是可以理解的。如当年赫鲁晓夫改革"苏联模式"，才十年功夫，因没有找到"苏联模式"的症结之所在，就被他的"亲密战友"（如勃列日涅夫——他就是一个对所谓的"改革"因"理论不足"而表现出来的"精神懈怠"者）请下台了。好在中国的执政党高层没有出现这样的"精神懈怠"者，虽然道路艰难，但一直坚持改革，坚持要"政改"。从公方彬教授的举例来看，"社会主义民主是社会主义的生命"，这类社会主义的属性内容与体现属性内容的相应的体制（特别是体制中的权力结构层次）这两样东西，在公方彬教授那里可能是不加区别的，或称为一致的（即在公方彬教授看来，从社会主义属性内容的规定中能够推出"人民应拥有"的"民主、自由、法治、人权、平等"等关系，也是现实社会的实际体制特别是体制中的权力结构能够实际体现出来的关系）。但问题恰恰就在这里，我们现实的社会主义社会，因建立在缺乏民主等社会功能的树结构之上，就使世界上最先进的社会属性内容与最传统的树结构结合起来，并把树结构的种种弊端也带进"社会主义"了，而树结构根本就不能体现出社会主义属性内容规定的诸多好处（如民主、自由、法治等）来。如侯惠勤教授指出的"今天仍然存在着民主不充分的状况"的原因就是这样形成的。《中国模式：理想形态及改革路径》已经证明：只有建立在果结构体制上的社会主义社会，才具有充分的民主。但是，公方彬教授在这里强调的"政治体制改革裹足不前"的原因，在"很大程度上源于理论准备不足"的推测，却是合情合理的（指抛开"权力结构论"而言的）。

　　例如，香港出的《新维》月刊中有文认为："迄今为止，没有一个共产党统治的国家搞政改是成功的，因为这种体制很难改革。这其中的理由之一是，欠债太多，积重难返。第二个理由是，宪法难题，第三是，意识形态。"[①] 诚然，"迄今为止，没有一个共产党统治的国家搞政改是成功的"，但笔者认为这是因为没有"权力结构论"作指导。有了"权力结构论"，那就完全不同了。

　　首先，"欠债太多"，看你怎么看，有些债不是已经还了吗？有些债不是还在陆续地还吗？其实，中国人民是"向前看"的，他们当中的大多数人是不记旧账的。即使现在说话很尖锐、很刻薄的人，其中大多数人也是为了体制转换。到时，体制真的转换了，他们兴奋、感激都还来不及，谈何旧债呢！在这里，许多有水平的人会把历史旧账看成当时当地人们认识的局限性而造成的历史性的灾难。说清楚问题是必要的，要谁真的来负责甚至要谁来偿还，那就不必了。也许，你认为是"债"，有人却认为是"福"。所以，那种"欠债太多，积重难返"的认识，多少只是一种"不改革"的借口。其次，宪法难题，笔者已在上述书中解决了，且笔者所提的改革是从县一级开始的，可以推倒重来，这就给改革者留有了最充分的时间与余地。笔者在《中国模式：理想形态及改

---

① 斯伟江：《中国政改的三大障碍》，载《新维》2012 年 4 月第 18 期。

革路径》一书第 15 章① 中已经证明：只要对树结构进行类型转换，最终建立起社会主义果结构体制来，就彻底解决了"宪法的实施"等问题。再次，"意识形态"问题，在不同的权力结构类型之下，存在着完全不同的"意识形态"。到那时，人们的注意力，早就转移到新的"意识形态"之中，是由新的权力结构类型决定的崭新的"意识形态"（根本就不是现在的这一套"意识形态"了）。估计那时候再来翻"陈年老账"的人是极少的。否则，这社会还怎么前进啊。

"Weeks6609"所说的"不敢"或"不愿"是可以理解的。若我是最高领导人，在理论准备不足的前提下，也是不会贸然行动的。与其谴责别人，不如想办法解决问题，权力结构论就是在这样的心境下提出来的。"坚决不学西方那一套"也可理解。我们不是搞出了在中国共产党领导下的"东方民主"② 制吗？你看看吧，至少在它建立的"初期"，或称为试验期就可以看出，它比"西方民主"制强多了！

至于上面所提到的"历代农民起义，从来都不需要理论先行"，确实是这样。但正因为这样，就使得新王朝在重新建立时，完全照搬旧王朝的构建理论，建立起一套以树结构为权力结构的体制来，且这样一代一代传承下去，在中国持续了两千多年。但是 1949 年以后，中国的社会主义革命取得胜利之后，我们仍旧建立在树结构体制之上。而在近几百年来，当西方由于资本主义革命的成功，建立起果结构体制（"三权分立"只是果结构类型中的一种）并从多方面证明了果结构的种种社会功能优越于树结构时，我们的一些同志（虽然他们没有树结构等概念），却仍旧坚持树结构不能变的观点来对待改革。在这种情形下，中央还能保持着坚持改革的意念而没有"精神懈怠"，这些已使我们觉得很不错了。

公文说：

没有科学理论作指导，就不能保证正确的改革路径。经济体制改革做错了可以再选择，政治体制改革或民主政治走错了路几乎没有补救的可能。那么当前理论准备不足主要反映在哪里？重点在于尚未确立起现代政治观或曰

---

① 潘德斌、颜鹏飞、吴德礼、王长江、赵凯荣、陈国荣等：《中国模式：理想形态及改革路径》，广东人民出版社 2012 年版，第 166—179 页。

② 潘德冰、颜鹏飞、吴德礼、王长江、赵凯荣、陈国荣等：《中国模式：理想形态及改革路径》，广东人民出版社 2012 年版，第 140—143 页。

新政治观。

"Weeks6609"评述：

"文化大革命"中我们坚持了号称是马列主义理论的"阶级斗争学说"、"造反有理"和"无产阶级专政下继续革命的理论"，结果在这些"先进理论"的指导下把中国搞得千疮百孔，民不聊生。回顾开放改革，当时好像并没有什么理论指导，1976年打倒"四人帮"，1978年底就开启改革，两年多并没有准备了什么科学的理论，当时的动机是因为"文化大革命"搞垮了中国的经济，不改革只有死路一条。现在，经过三十多年的改革，国家是富裕了，但人民的富裕跟不上国家富裕的速度，改革前没有的丑陋现象，如今却大量涌现，经济改革的成功能代表一切改革都成功吗？

评论："没有科学理论作指导，就不能保证正确的改革路径"的观点是对的，但"政治体制改革或民主政治走错了路几乎没有补救的可能"就不对了。笔者提出的"结构改革"就是从县一级开始可以推倒重来的使中国真正走向"民主政治"的改革。它的"可以推倒重来"，给了改革者最大"纠错"机会。公方彬教授关于"现代政治观或曰新政治观"尚未确立的说法已不准确：权力结构论的观点就是"现代政治观或曰新政治观"。

"Weeks6609"评述所说的"文化大革命"中的那些事是毛泽东的错误，因他没有看到树结构与社会主义属性内容的不相容等问题，没有去改革树结构，而是恰恰相反，把"体制改革"变成了一场"对人的革命"。如他看到的是越来越严重的"官僚主义"，但他却不懂得：这"官僚主义"正是长期生活在树结构体制下必然养成的，要彻底去掉"官僚主义"的办法，只有对树结构进行类型转换。又如他看到社会中上下级间"层级争斗"激烈，这本是由于树结构中"官大一级压死人"的现象造成的，要建立"以人为本"的和谐社会，本应对树结构进行类型转换，但他却把这认为是"阶级斗争"激烈。在这种情形之下，当然只有进行"无产阶级专政下继续革命"了。

在生产力极度低下的情况下（如改朝换代的中国封建王朝初期），发展生产力当然是不错的。就是在树结构体制下，也能极好地发展生产力。所以说，1976年不要什么理论支持，只要发展生产力便够了。但"经过三十多年的改革，国家是富裕了"之后，情况就不同了，这树结构与社会主义属性内容不相容的矛盾就大大地突显出来了。上文所说的"改革前没有的丑陋现象如今大量涌现"也就是因缺乏"结构改革"（即"政改"）的"果"。笔者已经多次说过，没有权力结构的类型转换（即结构改革），"经济改革"是不能成功的。

公文说：

现实看我们确实突出了一部分人的利益，并且是那些"有利于执政的人群"，这一点从拆迁时的对垒即可以看出。也就是说利益关系的调整导致了党政官员或公务员系统成为普通群众的对立面，这些人享有的隐形福利已经让纳税人感受到一种新的剥削产生，搞不好还造成了人民虚位、既得利益集团形成。既然症结不难弄清，为什么仍然坐视大量矛盾堆积？就是因为政治体制改革未能与改革开放和经济体制改革同步，制约政治体制改革的关键是政治观未能实现突破，这也是建设新政治观的根本原因所在。

"Weeks6609"评述：

政治改革未能同步而阻碍了社会发展的确是事实，但把政治改革未能开启说成是理论没有准备好，那就是有故意把政治改革复杂化或为拖延政治改革作舆论宣传的嫌疑了。按照作者的意思，共产党的一些为民谋利的理论如"全心全意为人民服务"，"共同富裕"，"党是先锋队"，"党和人民利益一致"，"权为民所用，情为民所系，利为民所谋"等已经过时，现在需要新的理论？如果没有过时，为何不再继续践行这些理论？

评论：原文既说了现象，又找到了产生这一现象的原因，笔者觉得公方彬教授是个实在人。但怎样解决这一问题，《中国模式：理想形态及改革路径》一书已有完整的答案，这标志着"制约政治体制改革的关键是政治观"已经完全突破了。在树结构体制下，这种"虚位"其实已经很久了。从树结构建立之日起，人民就被关在笼子里了，而不是"把权力关在笼子里"，人民成了名符其实的"虚位"。只有对树结构进行类型转换，最终建立起社会主义果结构体制来（只有在此时，体制内的"上级"与"下级"才会形成相对巩固不变的"权力空间"——见本书第107页），人民才会"复位"。中国社会科学院博导、《人民日报》原副总编辑周瑞金对《中国模式：理想形态及改革路径》一书推荐说："用树结构和果结构的独特理论视角，分析我国权力结构的特征与症结，给人耳目一新之感。这对破解我国改革面临的政府太强、社会太弱、市场扭曲的弊端，推进政治体制改革，颇有启迪，值得一读。"[1]权力结构理论非常好地解决了"我国改革面临的政府太强、社会太弱、市场扭曲的弊端"等问题。

"Weeks6609"着急于"政改"是可以理解的。大凡有良心的中国人，特别是希望中国发扬光大、复兴中国，实现"中国梦"的中国人，有哪一个不希望中国尽快及时地进行"政改"呢？但没有准备好理论（而且是动手之前反复论证无误、最好是可以推倒重来的"政改"理论）以前，我们是难于动手去打这场"无把握全胜之仗"的，要打就要大获全胜。"Weeks6609"举的一些例子，如"全心全意为人民服务"，"共同富裕"，"党是先锋队"，"党和人民利益一致"，"权为民所用，情为民所系，利为民所谋"等，权力结构论已证明：在树结构体制下这些"说法"都会大打折扣的，只有在果结构体制下才能得到最大限度的保障或实现。为什么会这样说呢？这其中，差就差了一个实现这些愿望的重要前提，即社会主义果结构体制的建立。因邓小平同志已经说过："制度好可以使坏人无法任意横行，制度不好可以使好人无法充分做好事，甚至会走向反面。"[2]笔者已经证明了：对社会主义属性内容而言，以树结构为权力结构的社会制度，就是一类最差的"制度"（需要进行体制改革的"制度"）。在这种"制度"之下，"Weeks6609"说的这一切都是要打"折扣"的！但这些"理论"并没有过时，在一个树结构类型进行转换之后的"制度"中，我们"再继续践行这些理论"，会更加完美。

中国社会科学院马克思主义研究院院长程恩富学部委员指出："树立制度自信，就是要将健全和完善社会主义制度体系作为推进我国改革和发展的出发点，全面、系统地充分发挥社会主义经济、政治、文化和社会制度的优越性。"[3]笔者提出的树结构向果结构的转换，就是对社会主义制度最大的"健全和完善"，也是对社会主义制度最大的自信。

公文说：

美国总统奥巴马雨中演讲无人为其打伞，而我们一个20多岁的乡镇长却

---

①　潘德冰、颜鹏飞、吴德礼、王长江、赵凯荣、陈国荣等：《中国模式：理想形态及改革路径》，广东人民出版社2012年版，封底。

②　《邓小平文选》（第二卷），人民出版社1994年版，第333页。

③　程恩富：《十八大报告新思想新亮点——开启历史新阶段和新征程》，载《人民论坛》2012年11月（下）。

有人为其撑伞；我们的官员公开场合大谈西方社会腐朽，要求大众爱国奉献，私下却用贪腐来的钱将妻儿移民西方，自己当裸官。至此，再不重新解读政治，确立新的政治观，就不可能以新思维建构政治体制、规范政治活动，必定失去人民群众的支持，执政基础随之瓦解。这也是建立新政治观的重要原因。

"Weeks6609"评述：

如何重新解读政治，确立新的政治观？新政治观的建立由谁决定？需要多少年才能建立起来？如果政治体制改革需要先有理论或所谓新的政治观才能推动，我们要等到何时？政治体制改革喊了近十年，而作者提出需要的先行理论却迟迟不出来，到底是理论短缺的缘故还是借口拒绝改革的缘故？纵观我们所经历过的改革，其实靠理论先行的还真的没有：大跃进和人民公社靠什么理论支撑？如果说靠共产主义理论，其实当时我们都没有搞明白，我们只盲目地喊出"共产主义是天堂，人民公社是桥梁"；在搞人民公社大锅饭时我们喊"一大二公"，其实都是边搞边喊的口号，并不是先确立了理论再搞的实践。文化大革命是一场大的变动，开始之前采用什么理论？充其量是"要清除党内走资派"的理由而算不上什么理论。打倒"四人帮"和结束文化大革命，号称是中国人民的第二次解放，它允许理论先行吗？那是刹那间顺应民意的巨大变革，也是一场充满风险的自救行动。改革开放前夕，我们确立了什么理论？如果要说有，那就是"穷则思变"，就是"贫穷不是社会主义"。这些都是一两句话就可以概括的，就可以让人明白的口号而已，并不是什么高深莫测的理论，也不是需要准备数年十数年才能确立的政治观。开放改革是各领域改革的总称，我们先推行的农村承包的改革，允许个体户经济的改革，干部终身制改革，后来才是企业改革、金融改革、工资改革、税制改革、职称改革、教育改革、医疗改革、养老保险改革、住房改革、城镇化改革、乡镇民主选举改革、2008年搞的法制改革等，哪项改革启动之前先推出改革的理论？上述所提的众多改革，搞得明显不足或让百姓不满的就有企业改革、教育改革、医疗改革、工资改革、养老保险改革、职称改革、住房改革和法制改革。如果说有科学理论支撑，为何有的成功有的失败或被广泛诟病？如果没有理论支撑，为何政治改革就必须要理论先行？可见，提出理论先行，只不过是一种推迟政治改革甚至是拒绝政治改革的托词。

政治改革，其实与其他改革并没有特别复杂的地方，在我看来，政治改革的基本目的就是让我们的权力部门在制定政策法规时一定要首先考虑大多数群体的利益，一定要有社会各界广泛的声音，而不是只有官员的声音及只考虑权力者的利益。政治改革之所以困难，就是因为发声系统中只有官员的声音，而政治改革恰恰触及权力阶层的利益，让主导改革者削减自己的利益当然无异于与虎谋皮，我们现在需要的是建立一种不能让少数为己谋利的官员长时间占领政治舞台的体制。

我国目前的政治体制，在很多方面都是倾重于给权力阶层创造利益，从而严重忽略甚至损害了最广大人民群众的利益，也就是根本违背了原来共产党提出的先进理论，当然就阻碍了生产力的发展，并且到了不改不行的紧迫关头。按照以往改革的做法，只要有不适应生产力发展的情况出现，就应该进行改革，把不足的地方改到人民群众满意（所谓的以"人民群众满意不满意，赞成不赞成"为标准）。我们众多的改革之所以改之不善，并不是缺乏理论的支持，而是主导改革的人没有把握好改革的细节，如国企改革，在社会保险机制还没有雏形时就匆匆忙忙让 2 000 万职工下岗回家；明知企业改制中有资产有流失的风险却不制定相应的法律措施防止流失或被侵吞，从而导致巨量的国有资产流失，肥了某些主管官员和钻空子的老板；政府审批程序的改革中，即使开始时没有预料到我们的干部那么容易败在糖衣炮弹之下，但发现后仍然不出台严刑峻法或预防机制，结果纵容产生了大量的贪官污吏；工资改革中竟然违背社会主义公平原则（相对公平），默认纵容国企老板的工资待遇比基本职工高出几十倍上百倍（原来只有3—4倍）；医疗改革改得老百姓看不起病，或一人得病，一家返贫；养老保险改革改得创造价值的企业退休职工的退休金只有不创造价值的行政事业退休人员 1/3，行政人员还有诸多特权，不用上保险，看病100%报销，还可以享受低价购买"分配"的房子；城镇化建设中很多实例竟然为了政绩乌纱或私利对老百姓的合法利益甚至生命而不顾，于法律和中央强调的规定而不顾，屡屡违规进行暴力强拆，以所谓多数人的利益侵害少数人的利益，公然违背"法律面前人人平等"的法治原则；法制改革推行四年，成效不大，公平不彰，同罪不同判，刑讯逼供不绝，立案没有统一标准，律师权益不保，官警护黑，滥用枪支，冤假错案仍频等等众多改革失效的例证。

以上种种改革的不善，绝不是因为理论准备不足或新的政治观没有形成而导致的缘故，我们党提倡的一些理论本来就是先进的，甚至是永不落伍的，但在利益面前，一些官员抛弃了党的宗旨原则和理想，把个人利益凌驾在人民利益之上，如果个人变质，新的理论或新政治观照样影响不了他们。作为组织或作为国家，对那些违反党的纪律或法律的官员，不能坚持严格律之，即便处理也要根据等级区别进行处理，实际上起到纵容包庇的作用。这样的监督管理机制，如何稳定社会强国富民？个人变质与体制纵容是各种改革不善导致社会不公、各种矛盾丛生并积重难返的主要原因之一，与缺乏科学理论毫无关系。

如果把政治改革与其他改革同等看待，只要不适应生产力的发展就改，只要不符合最广大人民群众利益的就改，不把自己的利益凌驾在人民的利益之上，永远铭记并践行共产党"要为全体人民创造幸福"的宗旨，没有冠冕堂皇或深厚的理论，也能改革成功。

评论：这就是在两类权力结构之下，即在果结构与树结构之下两种不同的社会现象。奥巴马在雨中演讲，是为了获得听他演讲人的支持，而20多岁的乡镇长估计他正在"教育"自己的"臣民"或训斥那些"不听话"的人。除非对树结构进行类型转换，我们才会看到"全心全意为人民服务"的乡镇长。即使上面硬性规定这样做也"不行"，乡镇长确实也不"这样"做了，那也不能改变他是人民"父母官"的本质及特征（因树结构类型没变）。

"Weeks6609"问道："如何重新解读政治，确立新的政治观？新政治观的建立由谁决定？需要多少年才能建立起来？如果政治体制改革需要先有理论或所谓新的政治观才能推动，我们要等到何时？"看来，"Weeks6609"对新政治观还是急切需要了解的。这新政治观，经过笔者近三十年的研究，已经完全成熟了。它正以"权力结构论"丛书的形式陆续出版，现已出版的书有：《中国模式：理想形态及改革路径》（广东人民出版社2012年版）；《权力结构论》（人民出版社2013年版）以及《秩序与问题》（世界图书出版公司2013年版）等书。丛书已解决了中国改革的根本问题，如坚持中国共产党的领导问题，如何建设社会主义现代化的问题，如何使我国"在政治上创造比资本主义国家的民主更高更切实的民主，并且造就比这些国家更多更优秀的人才"[①] 的问题，

---

① 《邓小平文选》（第二卷），人民出版社1994年版，第322页。

如何使我国成为充满"切实可感觉到"的法治、民主、自由、人权、平等等问题，如何使社会主义市场经济良好运行的问题及如何使社会风气好转、道德水准上升的问题，等等。并且，笔者提出的方案是渐近式的，可以推倒重来的，这给了改革者充分"纠错"的时间与余地。

"Weeks6609"文中提到其他事就不太重要了，其中举的例子，几乎都是因为没有对树结构进行类型转换（即"政改"）而造成的"果"，这里就不详述了。

公义说：

重新解读政治，确立新的政治观，表面看命题敏感而重大，其实是对已有创新成果的总结。邓小平提出"人类共有文明"，江泽民阐明"政治文明"，胡锦涛确立和谐世界的理念，以及中央主要领导出访时讲到"我们不输出革命，也不输出贫穷"的思想，都说明我们的价值坐标乃至政治观已经改变。因此，这里要做的只是化零散为系统，化渐变为标志性变革。笔者认为有以下几个方面更为关键。

一是重新解读政治信仰。人在社会中有三种状态：政治信仰者、宗教信仰者、只求功利而无精神追求者。确立了新政治观，三者各自存在的矛盾和问题都会迎刃而解。就政治信仰来讲，新政治观的产生不是对共产主义信仰的推翻，而是顺应政治生态变化和政治文明发展做出的新解读，即以新解读避免这一终极追求在实现途径和阶段特征上与现实脱节，根本是为了提升其稳定性和恒久性，保证得到更加广泛、更为自觉的追寻。当我们真正清楚共产主义实际是人类的必然选择和终极追求，那么现实的不同制度就不再是障碍，而是阶段性存在，既然殊途同归，也便不再冲撞，更不需要以暴力方式来实现。如果这样的思想为人们所接受，我们与世界也就能实现和谐，同时政治信仰也会稳定下来。

二是确立中华民族核心价值观。大国崛起于文化和文明，只有立身于人类文明的制高点起引领作用才敢言崛起，确立中华民族核心价值观就是占领制高点的重要举措。将此视作新政治观的应有之义和必须完成的工作，源于核心价值观直接影响到制度设计和权力的运行，进而影响着思维方式和话语系统，它是国家认同的载体，也是国际沟通和相互认知的途径。当中华民族的核心价值观真正确立起来，我们便跳出单一的以政治制度标准评价世界的误区，开始结合国家利益标准、伦理和法理标准等多种标准评价和解释世界。

　　三是建立执政党的政治伦理。政党的政治活动需要建立与大众道德和社会公德有区别的特有道德，也就是政治伦理或政治道德。政治伦理和道德有相同的特点，都属于柔性约束，依靠的是人内心深处的道德法则，但伦理规则一旦被公众所接受，就会化作评价标准，就能够由柔性化为一定程度的刚性。由于政治伦理奠基于价值观，因此一些基本理念必须进入党的政治伦理。包括：公权力由人民赋予人民就有权利剥夺；自觉接受监督让"权力在阳光下运行"；职务越高、权力越大越要放低身段，不能搞权力崇拜，诸如此类。政治伦理对我们党来讲是全新的命题，它构成新政治观，同时也奠基于新政治观。

　　四是设计新政治观下的体制制度。中国的政治主体最主要的是中国共产党和"最广大的人民群众"。政治体制制度设计实质上就是对二者权力义务的规范，其中更突出的是对执政党及其成员行使权力的边界、履行责任的程度进行规定。一党执政，制度设计不能有效限制集团内成员的利益，就等于造就既得利益集团，同时弱化集团内成员追求高尚的动力，目前官员道德水平不高的原因之一在于利益过多过大。这里还有一点不能回避，权力影响着利益，权力本身就是一种利益，是利益就要分享，这是现代政治所确定的，但谁和谁分享权力，分享哪些权力，怎样分享，这一定是制度设计最重要的部分。所以，政治体制制度是否先进，关键看设计是否符合公民社会的政治运行规律，保证动态平衡。而能不能设计出科学的权力运行模式，又决定于是否确立新政治观。

　　五是形成与新政治观相一致的话语系统。每个国家和民族都有自己的话语系统，每一种话语系统都与其文化传统、政治制度有关，前者包括宗教文化，后者包括政治文化。话语系统很重要，比如当前中国就存在着三大话语系统不交融的问题，包括政治话语系统或政府话语系统、精英话语系统、平民话语系统。政治话语系统多出现在政府执政权力触及的层面和领域，平民话语系统多出现在网络等新媒体，精英话语系统兼顾二者。如果我们不能实现话语系统的更新，融合三大话语系统，长此以往必定撕裂社会。导致三者不交融的重要原因在于政治观，那么实现三者交融的出路在于新政治观。话语系统还有一个表现领域十分重要，就是中国与世界话语系统不交融的问题，这直接带来中国在国际交往中的困难，不能够产生别人听得懂的话语系统。由于话语系统奠基于政治坐标和价值尺度，那么将别人听不懂和不愿听的话语系统变为可听、愿听的系统，就必须有新政治观的支持。

评论：除少数说法（如"大国崛起于文化和文明"等）不够严格（因文化、文明的存在，特别是它在相应社会中的作用，必须依托于权力结构的类型存在）之外，公方彬教授讲的这几段话基本上都是对的。但在树结构不变的条件下，公方彬教授之说将会大打折扣，甚至只是"空谈"，如在我国现实的树结构条件下，即使要"确立中华民族核心价值观"（而不是更高要求的社会主义的核心价值观），也是不可能的，可参考本书第五章证明。总之，在我国现实的树结构条件下，要实现公方彬教授之说，"首先要对树结构进行类型转换（即结构改革）"。再如，要考虑"对执政党及其成员行使权力的边界"问题，就必须考虑国家制度整体权力的分割法则问题。但我们知道：就人类而言，权力的分割法则只有同权分割法和异权分割法两类。我国至秦汉以来，都是采用同权分割法则，由这类法则分割而得到的权力（特别是官员的权力），是没有"边界"的，同其"下级"的权力相比，其权力可以大到无穷大，而"下级"的权力可以被"上级"随意搞到为零（即无任何权力，这就是人民常常在树结构体制下被"虚位"化设置的根源——见本书第100页），而要人保持"对执政党及其成员行使权力的边界"（即"上级"的权力不能为无穷大，"下级"的权力也不能为零），需要变革权力的分割法则——从同权分割法转向异权分割法，这就是说，必须对我们现实的树结构进行结构的类型转换（即结构改革）。

5．"罪人"不是孔子而是商鞅

北方工业大学中文系主任王德岩教授说："鸦片战争失败后，一开始我们认为失败的原因在武器，于是办制造局、造船厂、建立北洋海军等。但后来甲午战争又失败了，所以认为罪在科学技术缺失，于是又兴学校、建铁路、办实业，可是又失败了。到了庚子事变来了八国联军，认为罪在政治制度，于是我们变法、立宪、革命。但是辛亥革命以后，中国依然没有变，所以人们开始反省，在政治背后还有文化，于是我们最后认为罪在文化，就有了新文化运动。"①

王德岩教授继续指出："当'中国为什么落后'这个问题的答案最终落到文化上时，下一步的逻辑很自然会牵连到儒教和孔子。儒教是中国文化的主干，

_____

① 王德岩：《孔子怎么成了"罪人"》，载《解放日报》2012年12月22日。

孔子是对中国文化影响最大的千古一人。如果中国社会的问题在中国文化，那么中国文化的问题首先在儒教，儒教的问题首先在孔子。"①

王德岩教授说："从考察孔子形象的角度来看，把孔子由千古一人变成'罪人'最有力的，有三次运动：太平天国、新文化运动和批林批孔运动。"②"如果说太平天国的批孔运动开辟了批孔的可能性，新文化运动提供了批孔的文化正当性，文化大革命的批孔则使批孔具有了社会普及性。此后，孔子的形象产生了巨大的改变，成为人人可以践踏的罪人'孔老二'。"③

笔者经过近三十年的研究，出版了《权力结构论》④丛书，也为孔子彻底翻了案。笔者发现，在人类社会制度中原来有一个重要概念，即"权力结构"却被人们忽视了，并且，最常见的权力结构有树结构（即势能结构）与果结构（即动能结构）两大类型。任何社会制度都必须建立在一定类型的权力结构之上，例如，中国封建社会制度及原"苏联模式"的社会主义阵营（包括中国）都是建立在所谓的"树结构"之上，而西方发达国家，不管它是"君主立宪制"（如英国）、"民主共和制"（如法国）、"联邦共和制"（如美国）还是北欧的"民主社会主义制"，它们都是建立在所谓的"果结构"之上的。而东西方文化的差别源于它们权力结构的类型差别，且是在各自的结构上生长起来的。也就是说，中国文化是生长在树结构之上的文化，而西方文化就是生长在果结构之上的文化。作为中国传统文化主干的儒家文化，正是在沿袭了两千多年的传统的树结构之上成长起来的。而树结构体制之创始人，不是别人，正是大约处在秦孝公时代的商鞅，是商鞅创立了我国的树结构体制，而儒家文化只不过是比较适合在树结构之下生长的文化。只要树结构类型变了，儒家文化的主流地位也会发生改变（如韩国、日本就是这样，而中国的香港、台湾更是如此）。所以，孔子并非"罪人"，而罪人仍是商鞅。虽然商鞅在中国建立起树结构体制，对于中国（特别在早期）是有功的，但随着社会的发展，我们的整体结构（即权力结构）越来越落伍了。特别是近几百年以来，当西方建立起果结构体

---

① 王德岩：《孔子怎么成了"罪人"》，载《解放日报》2012年12月22日。

② 王德岩：《孔子怎么成了"罪人"》，载《解放日报》2012年12月22日。

③ 王德岩：《孔子怎么成了"罪人"》，载《解放日报》2012年12月22日。

④ 潘德斌、颜鹏飞、李永忠、潘峰、赵凯荣、唐大斌等：《权力结构论》（修订本），人民出版社2013年版。

制之后，就迅猛地强大起来，中国就有了如王德岩教授所说的"一败再败"的经历。中国与西方相比，差就差在这个整体结构（即权力结构）之上。①

曾几何时，作为春秋时期弄潮儿的商鞅，"游说秦孝公，最先'说公以帝道'，劝说秦孝公向尧舜禹学习，但'孝公时时睡，弗听'；接着又'说公以王道''未中旨'；最后，商鞅'说公以霸道'，结果秦孝公'大悦'，商鞅亦得到重用"②。商鞅自己也明白，他在秦国实施的这套"强国之术""难以比德于殷、周矣"，但好不容易遇到了买家，宁肯打折自身精骨也要把自己"卖"出去。于是，商鞅便把自己和秦国这辆战车绑在一起，以激烈而霸道的方式推行了变法。可以想象，最后这位秦国变法的设计者和执行者也成了变法的牺牲品，而且死得很惨（遭车裂）。秦也很快亡了，可能秦的"早亡"与他推行树结构体制（或推行这一体制的人）也有极大的关系，但因"权力结构"这一概念是两千多年以后才提出来的，故这方面的"历史证据"只能让"历史学者"去补充了。

和商鞅相反，当时主张大施"仁政"的另一类"弄潮儿"，如孔子、孟子等人，当时各诸侯国不接受，他们就毅然决然地离开，在原则上坚决"不打拆"。直到西汉景帝年间，被迫杀了主张建立"中央集权制"（即商鞅主张的体制，也即我们所说的"树结构体制"）的晁错的汉景帝，任命周亚夫平了"吴楚七国之乱"。此时，离建汉初年已过了六十多年，再之后，中国才逐步建立起"树结构体制"来。在此后的汉武帝时代，才慢慢地开始接受了孔子的说学，慢慢地开启了"独尊儒术"的时代，开创了"仁政"与"酷制"相结合的先例，这样，"仁政"为"酷制"粉饰门面，而"酷制"也可以受到"仁政"的某些限制。可见，树结构在中国的确立，也并不是一件容易的事，但在确立之后，它在中国坚持下来已经有两千多年而不肯离去了。

自鸦片战争以来，我们已经经历一百七十多年的持续奋斗，这其中经过了"辛亥革命"及"社会主义革命"两次伟大的"革命"，以及"文化大革命"与"三十多年以来的改革"等，但树结构却死死地捆住了我们，使我们无力挣扎。因清王朝是树结构体制，"辛亥革命"以后，我国亦基本上保持了树结构体制，而"社会主义革命"之后，我们的社会制度却仍旧建立在树结构体制之上，在此基础上还产生了"文化大革命"（没有树结构体制就不会有"文化大革命"）。

---

① 楚渔：《中国模式：理想形态及改革路径》，广东人民出版社2012年版，第1—6页。

② 郑连根：《春秋时期弄潮儿的命运》，载《同舟共进》2013年第1期。

我们的改革，本应是体制改革（主要包含权力结构的类型转换），但三十多年以来，人们却把对社会制度主要层次（即权力结构）的改革变成了次要层次，即"法规细则"层次的"改革"。这样，我们就把社会改革变成了我们所说的"社会改良，即社会属性及权力结构类型都没改变的'政策性改革'"①。结果，我们愧对了小平同志，把小平同志指望的改革"表皮化"了（这是笔者多次论证的结果），从而使我们的社会不得不再次陷入深深的矛盾与扭曲之中。这样看来，商鞅这"人"虽然早已死亡了，但他的"阴魂"却没散，致使我们至今都不能走出这"树结构"形成的泥潭与深渊，他确实称得上中华民族的"罪人"了，而且是第一"罪人"。

现在，在理论上我们已经解决了中国特色社会主义体制改革的根本问题，即树结构向果结构转换的问题以及其他问题，等等。如果有谁能领导我们走出树结构体制，他将是我们中华民族的真正的伟人，也将是世界伟人。

（颜鹏飞　潘德斌）

---

① 潘德冰、颜鹏飞、吴德礼、王长江、赵凯荣、陈国荣等：《中国模式：理想形态及改革路径》，广东人民出版社 2012 年版，第 67 页。

第五章 建立社会主义核心价值体系的艰难与构建

1. 宏观思想问题、人民内部矛盾及其解决方式

我们常说的思想问题，主要是宏观思想问题，即存在于某社会中，带有相当普遍意义的人的思想问题。解决宏观思想问题，是人类社会中任何历史时期都需要的重要任务，只不过在不同历史时期或社会中，宏观思想问题具有的"时代特征"不同，它的具体内容及存在方式不同罢了。但它们之间都仍旧存在某些共同的规律性，如关于宏观思想问题四个层次的划分以及不同层次思想问题所具有的各不相同的解决方式等。

由于任何宏观思想问题，都是相应于某个国家（或社会）而言的，因而它总是与一定的国家（或社会）制度相联系，并成为相应国家（或社会）形态在人们头脑中的一种反映。由国家（或社会）制度（含有"属性内容"、"结构类型"、"法规细则"）的三个层次可推知，宏观思想问题必然包含有如下的四个层次：①核心层次：因社会制度核心层次内容而产生的宏观思想问题。如封建社会中，因生产资料归封建主占有的社会属性而产生的各种宏观"思想问题"。②第二层次：不包括前层次因素，而主要由权力结构的类型因素产生的宏观思想问题。例如在势能社会中，因结构的势能性而决定了元素主导社会行为必须符合其上级的指令要求，且主要依赖于较高层次元素势能作用的静态运行方式。因此，在这种社会中，不管其社会属性如何，都必然相当广泛地存在

着"驱使他人"①的社会现象，且要求被"驱使者"具有"唯上意识"。但受过现代教育的人员比较看重自己做人的尊严，且习惯于"创造性地独立思维"，于是便会产生种种"思想问题"。很显然，这种"思想问题"主要是由权力结构类型而引起的。③第三层次：不包括前述层次因素，而主要是由法规细则不当所引起的思想问题。如"文化大革命"期间，某些极"左"政策造成的种种思想问题。④第四层次：纯认识问题，即与国家（或社会）制度的三个层次均无关系，纯粹由主体的认识水平、知识面或主体生存的部门、环境之外、外来思想的输入等方面而产生的思想问题。

在一切（剥削）阶级（占统治地位的）社会里，宏观思想问题的主要层次为核心层次，即阶级社会的宏观思想问题，主要表现为围绕阶级矛盾而展现出来的"思想问题"，不但采用说服、教育、启发、对比等（思想政治工作的）通常方式无能为力，就是变革社会制度的第二、第三层次而保留其核心层次内容的一切做法也不能从根本上解决问题。因这类"思想问题"，只有改变社会制度的核心层次（即只有进行整个社会制度的革命），才能得到根本性的解决。在生产资料私有制的社会主义改造完成之后，宏观思想问题的核心层次问题已从根本上得到了解决，即社会主义社会的宏观思想问题为人们通常所说的人民内部矛盾的问题，这是社会主义社会优越于一切阶级社会中宏观思想问题方面的体现。

从根本角度而言，如何解决我国现阶段的宏观思想问题呢？办法很简单，属于哪个层次的思想问题，就用相应层次的"变革"来解决，别无他法。例如，由于某些政策的不当而造成的群众生产积极性不高的问题，采用思想政治工作通常方式是必要的，但显然只有同时变通有关政策才能最终解决问题。同样，由于权力结构性能欠佳而引起的宏观思想问题，也只有通过变革相应的社会权力结构才能从根本上得到解决。例如：我国社会现存的"官本位"、"家长制"、"特权"等意识都来源于树结构（即只要树结构存在，这些意识就一定存在），或者说这些意识的存在是结构性的。所以，要解决这些思想问题，只有进行权力结构的类型转换（即结构改革）了。在这里，只有属于纯认识问题的思想问题，采用通常的说服、教育等方法，才是根本有效的。

在过去，产生所谓思想政治工作"左"的方式的一个重要原因，就是根本

---

① 朱榷：《科技人员"社会坐标"刍议》，载《科技导报（广东版）》1987年第2期。

不懂得宏观思想问题的层次及上述解决规律，特别不懂得社会主义社会宏观思想问题三个层次的划分而把它们笼统地称为"人民内部矛盾"。也就是说，所谓"人民内部矛盾"，其实也包含如下三个层次：第一层次，主要由权力结构因素而产生的人民内部矛盾；第二层次，与权力结构无关，而主要由法规细则不当而引起的人民内部矛盾；第三层次，纯认识问题，即与社会制度的三层次都无关，纯粹由主体的认识水平、知识面或主体生存的部门、环境之外，外来思想的灌输而"一时糊涂"等等而产生的人民内部矛盾。在这里，顺便指出，毛泽东发动的"文化大革命"之所以错了、之所以成为极"左"，就是他老人家没有发现他要解决的问题（如"官僚主义"等）产生的根源在于树结构体制，而把变革树结构的革命变成了对人（如老革命及老专家）的革命。①

这些事也说明：笔者早在《社会场论导论——中国：困惑、问题及出路》②中提出的我国社会的基本矛盾，是先进的社会属性内容与落后的体制结构之间的矛盾，是迅速高涨的社会生产力与容量狭小的树结构容器之间的矛盾。在中国，早该建立起新的体制，规范人们新的运行、控制秩序，形成高于树结构所要求的静态稳定性的动态稳定性，以适合市场经济的良好运行，形成全新意义上的意识形态。

2．社会主义思想的树立，当前主要问题仍然是从封建残余思想中解放出来

中国社会科学院原副院长刘吉认为："建设社会主义总的指导思想……（1）必须从封建主义思想牢笼中解放出来；（2）必须从资本主义思想牢笼中解放出来；（3）必须从对待马克思主义的教条主义，特别是苏联社会主义模式的牢笼中解放出来。否则，解放思想就是一句无的放矢的漂亮口号。"③中国人民大学原副校长谢韬认为："解放思想，原则上应是三个解放：一是从

---

① 潘德斌、颜鹏飞、吴德礼、王长江、赵凯荣、陈国荣等：《中国模式：理想形态及改革路径》，广东人民出版社 2012 年版，第 51—54 页。

② 潘德冰：《社会场论导论——中国：困惑、问题及出路》，华中师范大学出版社1992 年版。

③ 刘吉：载《社会科学报》2008 年 4 月 3 日。

苏联时期的旧的社会主义模式解放出来，包括计划经济等；二是从封建专制主义解放出来；三是从落后的思想中解放出来。"[1]

为什么刘吉与谢韬两位先生不约而同地谈道：社会主义思想的建立，"必须从封建主义思想"及"苏联社会主义模式"中解放出来呢？由《社会同构现象的探源与"封建残余"的根除》[2]可以知道：我们现实的社会主义制度与中国封建社会同构，从而决定了在我们的社会主义社会中，人们的运行、控制（包含轨道与方式），社会的有序性、稳定性，社会的法治、民主状态，人们的（主体）社会意识，甚至连谋私的手段等，都有相同或相似的（社会）现象。正是这种社会的"同构性"，才使我们的社会"显示"出中国封建社会的"残余影响"。

例如，早在三十多年前，邓小平就讲道：我国的"主要的弊端就是官僚主义现象，权力过分集中的现象，家长制现象，干部领导职务终身制现象和形形色色的特权现象"。"特权，就是政治上经济上在法律和制度之外的权利。搞特权，就是封建主义残余影响尚未肃清的表现。"[3]又一个三十年过去了，胡德平总结说："改革开放三十年来，我党在肃清封建主义遗毒，加强民主与法制建设方面都取得了不少成果，但仍有艰巨的任务需要完成。如在不少人的头脑中，还缺乏'以人为本'的思想，颠倒了群众和公仆的关系，人治重于法治；对人的个性解放，尊重人权的意识还远远没有到位；很多地方存在的人身依附、官本位、以权谋私等现象并未得到有效遏制；以言代法、执法不公、选择性办案的现象还相当普遍；家长制、一言堂作风仍有相当的市场。"[4]上海大学历史学教授朱子彦先生指出："辛亥革命虽然推翻了皇帝和皇帝制度，但帝王思想及封建专制主义的影响仍然根深蒂固，很难从人们头脑中消除。"[5]其根源就在这里，只有树结构消失了，我们社会的"封建残余"才会（在大面积上）消除。

---

① 谢韬：载《社会科学报》2008年6月12日（第三版）。

② 潘德斌、颜鹏飞、吴德礼、王长江、赵凯荣、陈国荣等：《中国模式：理想形态及改革路径》，广东人民出版社2012年版，第102—117页。

③ 《邓小平文选》（第二卷），人民出版社1983年版，第292—302页。

④ 胡德平：《重温叶剑英30年前讲话》，载《南方周末》2008年10月2日。

⑤ 朱子彦：《多维视野的大明帝国》，黄山书社2009年10月版，第374页。

为什么要从"对待马克思主义的教条主义，特别是苏联社会主义模式的牢笼中解放出来"呢？原因很简单，因社会（主体）意识的存在，绝不会空穴来风，它是由相应社会的权力结构决定的，如树结构的存在就决定了我们现实社会的"势能意识"的存在。树结构已在中国存在两千多年，存在决定意识，它已使中国传统的"势能意识及文化"发扬得根深叶茂了。而苏联社会主义模式也是权力结构为树结构的社会，是与我国封建社会同构的社会模式。要消除封建文化、意识的影响，当然要从"苏联社会主义模式的牢笼中解放出来"，在这种模式之下，马克思主义也变成了由"国家领导人"个人理解的"马克思主义"。[①] 其实，这种树结构体制就是产生"教条的马克思主义"的根源之一。

刘吉及谢韬先生提出了以上问题，但没有指出如何从根本上解决这些问题。在笔者关于权力结构论的研究中，已彻底解决了这个问题，即进行权力结构的类型转换——结构改革。这里需要说明一下，因我们的社会主义就是建立在树结构之上，而关于树结构与社会主义属性内容极不相容的事实（如社会主义属性内容要求"人民民主"、"按劳分配"、"法治"、"市场经济"等，被树结构扭曲或异化成"为民做主"、"按权分配"、"人治"、"权力市场经济"等等），还不为人们熟知。甚至于，连"树结构"本身这个在我国社会中发生了巨大作用的"存在物"——因它的隐蔽性而几千年未被人们（包括国外的人们）发现，这就容易使人们把由树结构决定的某些规律（如上面所说的"为民做主"、"按权分配"、"人治"、"权力市场经济"等等）看成了社会主义的"常态"而加以捍卫。殊不知，捍卫这样的"社会主义"，与毛泽东所捍卫的"社会主义"一样，其实是在捍卫树结构，而不是社会主义本身。笔者的相关理论已经证明：真正的社会主义，是建立在果结构为权力结构基础上的社会主义。而在当前，"以资本为本"、"为主义"的资本主义社会根本就没有在中国生根（以前也没有出现过），即使有些人头脑中有些资本主义的思想，按人民内部矛盾的层次划分，充其量也只属于非树结构支撑的第二、三层次之上的意识（这种意识没有权力结构的支持，是不能持久的）。所以，在当前看来，它还不是主要的，主要是处于人民内部第一层次的由树结构决定的"官本位"、"特权思想"及"东方式嫉妒"等意识。"两害相权取其轻"，我们当前的主

---

① 潘德斌、颜鹏飞、吴德礼、王长江、赵凯荣、陈国荣等：《中国模式：理想形态及改革路径》，广东人民出版社2012年版，第51—54页。

要矛盾是解决人民内部第一层次的矛盾，即消除"封建残余"思想、超越"苏联模式"的矛盾。而这一矛盾的彻底解决，只有依赖于对现实的树结构进行类型转换了。而按照树结构要求进行的管理（即"官对民"的那一套"管制"），如徐勇说："管制，即政治权威的单边治理实行强制性整合。虽然可以强制性地压下去，但造成的是官民对立的后果，秩序也不一定能保持持续的稳定。"①与现代化社会（如法治社会、市场经济等）的管理要求比起来，实在是太落伍了（因树结构之下的"管制"，算得上中国两千多年以前世界领先的管理理念）。在我国当前，常把捍卫"社会主义"（而不管是在捍卫以树结构或以果结构为权力结构的"社会主义"）的，都看成是"左"派，从笔者上述分析可知：捍卫以树结构为权力结构的"社会主义"者，并不是左派，是真正的守旧派。小平同志曾多次讲过："中国要警惕右，但主要是防'左'。"②至少在对树结构进行结构改革成功之前，小平同志这句话都不过时。

3．"读什么书"与"局长很值钱"折射了什么？

在现代，人们"读什么书"是一个大问题。如某官员办公室书橱中放着什么样的书呢？"一类曰《官经》、《厚黑学》，从《中国历史君臣权谋大观》到《古代帝王驭人术》；另一类曰《阴阳风水学》、《八字与官运》，从《八卦透解财官运》再到《官运桃花》，云云。"

"封建专制社会的权威政治之下，他的治人之术，他的黑幕官场，充满着对法制的不屑，对诚信的亵渎，对他人的戒备，对同僚的倾轧，满目争斗篡夺，一味笼络收买，到处投其所好，像指鹿为马、笑里藏刀、阳奉阴违、暗渡陈仓那样的'权谋'，难道可以拿来'古为今用'，放到今天来'为官之道'吗？"③'局长很值钱'，'群众不能随便就打局长的电话'，这在目前已经是一种社会常识。当然，按我们通常的政治共识来说，作为公仆的局长们是不应该这么'值钱'的，不能也不应该不敢这么胡乱摆谱。但现实恰恰相反，'常识'与'共

---

① 徐勇：《社会科学报》2007 年 11 月 8 日（第二版）。

② 《邓小平文选》（第三卷），人民出版社 1993 年版，第 375 页。

③ 凌可：《"读什么书"是个更大的问题》，载《解放日报》2011 年 9 月 6 日。

识'产生错位乃至根本的颠倒。这实在是社会的悲哀。"①

原因是我国现实社会与中国封建社会同构，这样，两个社会有相同的运行、控制（会轨道与方式），有序性及有稳性等，人们存在相同的生活技巧，等等，所以，两种社会人们可以相互借鉴（如将封建社会的"权谋"用于现实社会之中等）。故生活在现在社会的官员需要看上述两类适应于中国封建社会中的"为官之道"等书籍就够了。又因为这种同构发生在树结构（即势能结构）上，当然，在"局长"的势位上是有一定势能的，即"局长值钱"是可以理解的。"常识"与"共识"不同，深刻反映了树结构对社会主义属性内容的扭曲或异化：树结构能够体现出来的是人们的"常识"，而从属性内容推导出来的是人们的"共识"。所以，这种以树结构为权力结构的"社会主义阵营"，社会主义的"质"（即从属性内容推出的东西）常常都被树结构扭曲或异化了。这就是为什么在短短的十几年中，刚刚才建立起来的社会主义各国，纷纷开始了轰轰烈烈的改革运动的根源。

4．今天我们需要怎样的官德？

杨于泽于 2012 年 6 月 20 日在《中国青年报》上指出："所谓官德，一方面来自他律，也就是法律之治与内部管理，一方面来自自律——加强官员的道德修养，即有道德资源的开掘也很重要。因此，对中国古今官德进行总结，非常值得期待。"杨于泽继续指出："到各地的机场书店去转转，可以找到许多古代官员写的'官经'、'官缄'，其中不乏忧国忧民的情怀，但主要是一套封建官场的自存与权谋之道。现在的一些官员不与人民群众的要求相对接，去热衷于看《康熙大帝》、《甄嬛传》，恰恰暴露了他们的官德取向。"

"今天修官德，必须直面现实，把人民群众的要求作为根本标准。中国的政治史很悠久，但传统与现实存在本质的不同，这就决定了当代官德的价值观、目标、机制、动力等必须是新的，不仅需要理论创新，而且只能在实践中不断探索与完善。过去，君权神授，官员的权力来自君主的委托；现在人民当家做主，官员'权为民所授'，必须'权为民所用，权为民所控'。现代政治有两个关键词，

---

① 郑之纯:《"局长很值钱"成常识是社会的悲哀》，载《成都商报》2011 年 8 月 10 日。

一是'责任'，一是'法治'，二者构成当代官德的核心内涵。在此基础上，再来拓展新官德的内涵，这只能在政治文明的历史进程中逐步完成。"① 杨于泽的观点勉强说来是对的。但他对有些事没有说清楚：①不是"暴露了他们的官德取向"，而是他们在社会实践中发现，"封建官场的自存与权谋之道"非常适用于今天，中国封建社会的"官经"、"官缄"也适用于我们今天官员们的"官经"、"官缄"。尽管他们也许不知道这是为什么，但在实践中，却是可以（通过正反两方面的例子）反复验证出这经验的正确性的。这就是人们为什么把适用于中国封建社会的"官德取向"选取为今日"官德取向"的根源（不能实用的东西，人们是不可能长期选用的）。② ②《中国模式：理想形态及改革路径》及《权力结构论》已完全解决了这些理论难题，原来，我们现实社会与中国封建社会有着同类的权力结构——树结构，这就从根本上决定了人们在相应社会中有相同的运行与控制（包括轨道与方式），而社会秩序、稳定性能级也相同，等等，因而必然显示出两种社会中有着相似或相同的社会现象（即我们所讲的社会同构现象）。再者，由于权力结构的类型存在是一种社会存在，它必然决定了人们的社会意识，如树结构的存在就决定了人们有着与中国封建社会相同的"官经"、"官缄"以及相同的"官场的自存与权谋之道"。在这种情形下，选择与中国封建社会的一套准则作为"官德取向"也就十分自然了，这几乎成了人们的必然选择。但杨于泽在文中却指责说："现在的一些官员不与人民群众的要求相对接，去热衷于看《康熙大帝》、《甄嬛传》，恰恰暴露了他们的官德取向。"笔者不赞同这一论点，现实就是树结构，我们只能与树结构的要求对接，想"与人民群众的要求相对接"，但我们实在接不上啊，除非进行权力结构的类型转换，这一切现象才会在大面积上消除。也只有在此时，杨于泽的说法才有实际意义。③ ③杨于泽关于"今天修官德"需要理论创新等观点是对的。但杨于泽也许不知道的是，这创新的理论不是学者们在研究室里生硬地编造出来的，它是随着新类型权力结构的确立而产生，并经过人们在社会实践中反复验证其真理性而完成的，学者的工作仅仅是对这些"理论"的总结与发布而已。经过近三十年的研究，笔者已解决了这些问题，《中国模式：理想形态及改革

---

① 杨于泽：《今天，我们需要怎样的官德》，载《中国青年报》2012 年 6 月 20 日。

② 上海市政协：《超九成人认为诚信会吃亏》，载《半月谈》2011 年 9 月 8 日。

③ 向楠：《八成受访者认为当前说谎之风泛滥》，载《中国青年报》2011 年 8 月 11 日。

路径》及《权力结构论》就是成果之一，并证明了：要真正做到"权为民所授"、"权为民所用"、"权为民所控"及实现"法治"及负有"责任"等等，必须进行权力结构的类型转换（即结构改革）。而经过结构改革，（包括官员在内的）人们也就有了新的社会意识，而这正是杨于泽在官德上需要的"理论创新"，也就"与人民群众的要求相对接"了，就达到了"修官德"的目的（包括价值观的形成、目标的满足以及机制及动力的张伸等）。

5．树结构是造成现实诚信度低的根源，市场经济条件下的诚信产生于权力监督

我们来看一看，一个人从小长到大是怎样接受他所处社会的意识形态的。在他与社会实际接触之后，就受到来自社会各方的"锻炼"（包括结构的碰撞、政策的约束、人员的相处），并在这一次次的锻炼中获得了对社会的认识、淘得了社会经验。如在以树结构为权力结构的社会中生活的大多数人，必然形成"官本位意识"、"特权思想"并接受"东方式嫉妒方式"等。因这些人一进入到树结构社会中就必须遵守树序规定的运行与控制（包括轨道与方式），接受"守关者"（即官员）的一切（甚至包括官员的冷眼与盘剥）。在树结构存在的情况下，社会主义思想（包括其核心价值体系）在社会中无法真正确立，那么怎样应对社会倡导的"主流意识"呢？人们只好"当面一套、背后一套"，致使"超九成人认为诚信会吃亏"[1]。而中国青年社会调查中心"对 1 865 人进行的在线调查显示，82.1% 的受访者认为当前社会说谎之风日渐泛滥"[2]。

白天亮在《人民日报》上指出："'不相信'的情绪正在越来越多人的生活中蔓延。中国社会科学院近日发布的一项调查报告显示，京沪穗三地居民对社会的综合信任度连年下降，仅在'及格线'上徘徊。我们的信任哪儿去了？""最让人放心不下的似乎就是食品安全了。三聚氰胺、苏丹红、地沟油、漂白蘑菇……层出不穷的食品安全事件完全超出人们的想象。让大家感叹：'还

---

① 白天亮：《我们的信任哪儿去了》，载《人民日报》2011 年 9 月 1 日。

② 白天亮：《我们的信任哪儿去了》，载《人民日报》2011 年 9 月 1 日。

有什么东西能吃？'"“商家不可信，专家能信吗？近年来，近似于骗子的‘养生专家’、被发现收了企业红包的‘代言人专家’以及说出类似‘北京交通拥堵的原因是自行车太多了’等匪夷所思言论的专家，实在让人失望。"“甚至，对一些‘官方说法’、‘官方澄清’，人们也开始将信将疑。而一些地方政府在诸如‘萝卜招聘’、‘保障房定向供给公务员’等事件上，遮遮掩掩、言辞前后不一乃至最终被证实‘说谎’，更让人们在具体的事件上对所谓的‘权威释疑’不再无条件接受，总是先打个问号。"“经济持续快速发展，社会信任度却在明显滑落。这种现象提醒当前重新审视社会关系、重构社会信任的必要性。信任的丧失往往会很轻松，有时候只是个别行为即可引起公众对某个群体的普遍怀疑。相比之下，信任的重塑却非一朝一夕之事……关键的恐怕还在于社会管理的主导方——各级政府部门及有关组织能否主动作为，一方面约束自身行为，另一方面适应当前渠道多元、利益多元、诉求多元的新情况，建立并完善鼓励诚信、有利于重构社会信任的制度体系。"首先，笔者指出：上述三个调查结果（指上海市政治协商会议、中国青年社社会调查中心及中国社会科学院的调研），都是在我国现实社会的权力结构——树结构存在下的调查结果。笔者在《权力结构论》中已经证明这些结果都是一些社会现象，这些文章大体也是从现象出发而探讨的一些看法（当然，这里面有不少深刻之点），但总觉得有些“隔靴搔痒”的感觉。例如，白先亮认为："在于社会管理的主导方——各级政府部门及有关组织能否主动作为，一方面约束自身行为，另一方面适应当前渠道多元、利益多元、诉求多元的新情况，建立并完善鼓励诚信、有利于重构社会信任的制度体系。"注意，他提出的解决问题的方法仍旧是"要求社会管理的主导方——政府等要‘约束自身行为’"，而不是从权力结构上去规范、约束政府等行为。他的想法（不管他懂不懂这一点）仍旧是在现有的树结构之下做点工作。其实，如果能够"自我约束"的话，早就"自我约束"了。正是树结构缺乏这种使官员"自我约束"的功能与机制（因树结构之中只有来自顶头上司的监督，而顶头上司对下级往往又是"疑人不用、用人不疑"的，所以，往往只有当某下级出了很大的事时，上级才"惩处"下级，这样一来，对下级难有预先"预防"的作用。从这里也可看出：树结构缺乏对"人"的预先保护作用），而树结构之下的官员一般也疏于对社会的管理，甚至连"门前雪"也不愿扫。他们往往把权力视为己有，而不愿用自己手中的权力去维护社会的公平与正义（这还不包括那些只愿"权钱结合"、合伙"共骗社会"的官员）。正是由于这样，就产生了目前种种普遍的"失去诚信"的现象。人们知道："没有监督的权力会产生腐败"，但少有人知道人们的诚信（包括相信别人说的话是实在的）也是依靠权力监督来获得的，这就表明缺乏监督的权力也会产生社会的不诚信。只有建立果结构体制，使官员受到人民的"刚性"监督，才能激发官员真心实意地对社会进行管理。只有这样，诚信才会真正建立起来；也只有这样，我们才有社会主义核心价值体系的建立。因此，我们现实社会诚信度较差的根源来自于树结构本身。

找到了现象产生的根子，便找到了解决这类问题的方法——对树结构进行结构改革。总之，白先亮的"鼓励诚信、有利于重构社会信任的制度体系"的建立是对的，但这类制度中必须包含其权力结构层次为果结构（或稍差一些的树—果结构）。

其实，在现实的权力结构之下，像上海市政协、中国青年报社这些单位做一些社会现象的调查，是可以理解的，也是应该的。但像中国社会科学院这样的中国顶级社会科学研究单位，也只能做做这些社会现象的研究，而不去找找这些现象背后的实质是什么，怎样解决，就使人很难理解了。

可能有人会问：在毛泽东时代，为什么没有这种诚信度很低的问题呢？当时不也是这类树结构体制吗？是的，的确是这样。但我们需要注意如下两点：①当时对国内发生的事件基本上都是封闭的，没有多少人知道，更少有人传播；不像现在这样，凡发生的事几乎无不为人所知，且广为传播，还经过大众讨论。②当时人与人之间的争斗，主要在政治领域，人数、规模必然不大，差不多都是"明争暗斗"，也给了"好像没有事情发生"的假象；而现在是经济领域，涉及千家万户，有什么事大家几乎都知道了。例如，1957 年的"反右派""错划右派比率竟达 99.99%"[①]。显然，上面说"反右"，下面就把领导人平时看不顺眼的人尽量都归入"右派"行列之中。这本来就是领导人"诚信"的丧失，但当时人们以为是"正常运动"而没有察觉。又如，1959 年的"反右倾"运动、1966 年开始的"文化大革命"运动等，其中的内幕直到 1976 年以后，其是非曲直才慢慢地显现出来。从这些事情看来，"掌权者"的"诚信"是有问题的，但人们被树结构要求的"唯上意识"给蒙蔽了。而且，从根本上讲，"领导人

---

① 吕日周：《于幼军：反思中共历史大事件》，载《文摘周报》2011 年 7 月 8 日。

的失信"是由树结构体制所决定的（因这种结构决定了"权大于理"、"权大于法"等）。如国家主席刘少奇在"文化大革命"中的惨死，就能很好地说明树结构的这些问题。这正如北京大学廉政建设研究中心主任李成言所说：中共反腐历程大体上可划分为三个阶段，其中"第二阶段：从1949年新中国成立至1978年改革开放前夕，这一时期'政治腐败'呈高发态势。例如，'家长制'、'一人说了算'的腐败作风造成对党内不同意见者的迫害"①。

正是由于这些，"改革"才在中国开始了，而当时社会主义阵营的各国在大约经过了十几年之后（若从"大清洗"算起，苏联也不过二十来年），纷纷掀起了改革浪潮。为什么各国都纷纷要求改革？这显然不是偶然的，其根本原因就是：适合于中国封建社会的树结构与各国的社会主义属性内容高度不相容。要认识到这一点也是极不容易的，我们的认识从"改革，就是社会主义制度的自我完善"（其中哪一点不完善？而人们开始看到的，往往都是"表象"，如认为根子在于"计划经济"的不相适应，等等）到"社会主义制度的改革就是进行社会主义的结构类型转换，从树结构转换成树—果结构，最终转换成果结构"。我们走过了多少的艰难、曲折、弯路与困惑，才有了今天这种认识，直到现在我们才发现，问题在于我们社会的整体结构的"不完善"（难怪我们以前的改革总是"按下葫芦起来瓢"，因这些改革都是部分的，而不是从整体结构上来着手的）。只有从整体结构上解决问题了，才会解决整体问题。

6．让人们从实践中领会社会主义核心价值观的"真"，才是其构建的关键之处

实事求是地说，这些年来，在构建社会主义价值体系上，我们虽然花了很大力气，采用了很多方法，但实际效果却并不尽人意。为什么？君不见：学生家长，学校老师给学生讲价值观与道德信条，要求做人要讲诚实，但学生中有人作弊通过了考试，不但不觉得"羞耻"，还津津乐道地大讲其"成功"的经验；而诚实考生不及格者，要补习、要补考，还要交一笔不菲的补习费。又

---

① 张蔚然：《我党反腐历程是一笔宝贵经验》，载《文摘报》2011年6月9日。

如，学校教育学生要学好真本领，人要善良正直，但毕业后的学生碰到的第一个问题却是社会上"讲关系"、"比后台"、"拼爹"。中国社会科学院报告表明：近七成人认为"善良正直的人常吃亏"，近 85% 的人认为找工作要"有关系或后台硬"①，学生们一脸的无奈。二十多年前，《红旗》杂志就登出了许淑娴与李丹柯因学校教育与现实差距太大而产生的困惑②，等等。至于现实社会中的"悖论"就更多了，如有人在台上作反腐倡廉报告，激情飞扬，在台下却是一个"大贪官"；在台上某贫困县的县委书记大讲与穷山沟共存亡，动情之处几乎掉泪："为了我县早日脱贫，我愿累死在这里。"在台下，他积极"搞关系"，想调离此县。③奇怪的是，"贪官"中对"价值观"有问必答者倒真是不少，如此等等。难怪《中国青年报》社会调查中心"对 2 485 进行的调查显示，78.8% 的被调查者认为作假已成为中国之痛"④。但此文中对作假产生的原因解释为"以财富论成败的价值观"，如此等等。

其实，这都不过只是表象，如在"以资本为本"的资本主义社会中，这种"价值观"说来应该更是盛行，但为什么在这些国家中反而没有中国出现的这种"普遍现象"？其根本原因还在于树结构体制。因树结构体制要求人们不能讲真话，讲真话使人失败，而讲假话才有可能使人获得成功。这也又一次说明树结构体制与市场经济是不相容的（因前者要求人们"从假"，而后者却要求人们"诚信"）。

大学生找工作有要靠父辈能量的现象，"媒体把这种现象总结为'父辈就业时代'。某周刊 4 月的一则报道指出，个人综合素质是就业成功的条件，但在竞争激烈的时代，在这个权力和人情社会，越是平民家庭出身的孩子，机会越少。父辈的权力和'人脉'，会以某种方式'世袭'"⑤。其根源就在于我国现行的树结构体制。

---

① 参见《中国青年报》2008 年 10 月 12 日。

② 钟艺兵：《她的困惑应该引起全社会的思考——评电视剧〈一个叫许淑娴的人〉》，载《红旗》1985 年第 23 期。

③ 达岸：《两面人》，载《莫愁》2008 年 10 月（中）。

④ 中国青年报社会调查中心：《作假为何成普遍现象》，载《报刊文摘》2010 年 9 月 24 日。

⑤ 熊丙奇：《大学生就业，比拼的是父辈能量？》，载《羊城晚报》2009 年 5 月 11 日。

再如，郭建宁教授指出："所谓'潜规则'，是拿不上台面的，只能悄悄做，不能公开说说，彼此心照不宣的游戏规则和行为方式。但为什么如今潜规则却能摇身一变，成为人所共知的'显规则'？"[①]"对于这些潜规则，人们最初是坚决排斥的，但渐渐地随波逐流，再就是见怪不怪，习以为常，最后竟然是运用自如。"[②]"如果潜规则成为常态，成为人们普遍的行为方式和生活哲学，这个社会的文化将是危险的。"[③]"潜规则"成为"显规则"，充分说明了我们"树结构体制"与社会发展及社会主义属性内容的要求极不适宜。

据《人民论坛》专稿讲：最近组织了一次理论学习的现状调查，调查对象为担任领导职务的党政干部。调查结果是，超过70%的人认为"形式主义严重"，概括如下：碌碌无为"不爱学"；装点门面"不真学"；急功近利"不真学"；借口工作忙"不愿学"。[④]

这是为什么呢？真是所谓国人的"劣根性"吗？不是的。原因在于我国的体制结构——树结构，正是这种体制结构的存在，养成了中国人"内敛"文化的基本精神，这种"内敛"还使中国人对别人高度不信任，"说一套，做一套"就成了很有社会经验的中国人的"常态"。从这里就可看出：要真正构建社会主义核心价值体系，前提是改革我们现实的树结构。使我们"说的"与社会的实际状况充分接近（如像果结构体制的社会中那样），让人们从社会的实践中，真正领会到社会主义核心价值观的"真"，这才是"构建"的关键之处。

现在有一种观念认为"思想建设的根本，可以人为地塑造起来"，这根本是错误的，与邓小平同志讲的制度问题更具根本性、全局性、稳定性与长期性的讲法是相违背的，也不符合马克思的"存在决定意识"的观点。持这种观点的人不懂得果结构与市场经济政策的相容性，也不懂得人们的社会（主体）意识其实是由不同类型的体制结构决定的道理。只有人们在符合社会主义属性内容的新型结构规定的轨道中运行、受控并遵守相应的秩序与稳定性约束，经过多次反复的思考与思索，最终从实践中认定"某种意识、观念"是适合的，这

---

① 郭建宁：潜规则盛行将危害社会文化，载《人民日报》2009年1月14日。

② 郭建宁：潜规则盛行将危害社会文化，载《人民日报》2009年1月14日。

③ 郭建宁：潜规则盛行将危害社会文化，载《人民日报》2009年1月14日。

④ 参见《人民论坛》2008年第13期。

才有全新的社会主义价值核心体系价值观的确立。

7．在果结构体制上，社会主义核心价值体系必将根深叶茂

在树结构体制上，构建社会主义核心价值体系是非常困难的，根本原因是：树结构的存在，必然导致"权力过分集中"，从而造成"官本位"、"特权"等及其社会意识的存在，而法治社会不能确立、常常被扭曲或异化成"人治"社会，市场经济不能良好运行而被扭曲或异化成权力市场径济，这种按权力分配的方式带来的不公（有权的和无权的差别很大）又导致两极严重分化。树结构体制之下的腐败，是结构性的腐败，只有进行结构改革，反腐才会在大面积上消除。在树结构体制下的运行与控制，把活生生的人变成了按机械运行的部件。在树结构社会中，社会诚信度的降落、社会秩序和社会稳定指数的降低、"东方式嫉妒"的保存、国民性的（被）扭曲……所有这一切，都会极其深度地阻挡着我们伟大的社会主义核心价值体系的确立。

树结构，又常称为金字塔结构，它是由社会元素（包括人或集团）用"权力"来一层又一层地堆砌起来的，这是人类自己的创造物。在两千多年以前，它是伟大的，也是世界领先的杰作。但我们并没记住商鞅，却记住了秦始皇，致使我们"历代皆行秦政制"（毛泽东语）。正是这类树结构，使中华民族在世界领域内独领风骚一千多年。

大约在13世纪末至16世纪，欧洲掀起的"文艺复兴"运动，极大地促进了人们的思想解放。18世纪初至1789年，在欧洲（初起于英国，后以法国为中心）又掀起了著名的"启蒙运动"，它覆盖了各个知识领域，更是"文艺复兴"之后的欧洲近代第二次思想解放运动。随着思想的解放，1688—1689年，英国爆发的"光荣革命"，建立了权力结构为果结构（果结构的一种）的"君主立宪"制社会；1789年，在法国爆发的"大革命"，建立了权力结构为果结构（另一种果结构）的"民主共和"制社会……随后，英、法等国迅速发展成为世界性强国。马克思、恩格斯、列宁等革命导师虽然当时还未有"果结构"等概念，但对英、法等创立的新的国家体制（不是其国策）却大加赞扬：是"封

建的中世纪的终结和现代资本主义纪元的开端"①，是"一次人类从来没有经历过的最伟大的、进步的变革"②，"英国自上一世纪中叶以来所发生的变革，却比其他任何国家所发生的变革都具有更重大的意义"③，"资产阶级共和国、议会和普选制所有这一切，从全世界社会发展来看，是一种巨大的进步"④。

正是资产阶级这类果结构（包括君主立宪制及民主共和制等）的建立，使世界上第一次铲平了（西欧）封建社会中的果—树结构中的树枝部分（或树结构）的"金字塔"，使人们获得了权力在结构上的平等，促进了有史以来人的第一次大的解放，解放了生产力，从而获得了社会较全面的大发展，这是人类社会的第一次大解放。

在社会主义果结构体制上，铲平了金字塔结构上人为造成的势位及势能，消除了社会中"官本位"、"特权"等及其意识，粉碎了单通道及其运行、控制规则，提升了人们的运行、控制秩序能级，确立了社会新的（动态）稳定性，促进法治社会的建立、民主及意识的确立、市场经济的良好运行、西方式嫉妒的形成等，显现了社会一片歌舞升平的大好景象。不言而喻，只有在这种情形下，社会主义核心价值体系才能够很好地建立起来。

想一想，在西方国家中，没有我国这样多的专门宣传机构，也没有这样多的专职宣传人员，没有这么多的社会科学家，为什么没有出现"思想问题"呢？其实，就是果结构可以使人们"务实、求真"⑤，不需要人们在树结构之下那样去"说一套，做一套"。它的这种"真"是可以依靠人们在实践中去领会的，这是果结构的力量之所在，也是我们应牢牢把握的一条重要经验。最后，再说一遍，不要因为资本主义先使用了果结构，我们就把果结构看成资本主义的专利。其实，由于资本主义"以资本为本"、"为主义"的局限性，使果结构具有的很多功能还没用完，它只有在社会主义条件下才能发挥巨大作用，这犹如"计划经济"与"市场经济"一样，资本主义与社会主义都是可以用的。权力结构没有阶级性，它只是支撑社会的一个工具。如树结构，我国封建社会用了

---

① 《马克思恩格斯选集》（第1卷），人民出版社1972年版，第249页。

② 《马克思恩格斯选集》（第3卷），人民出版社1972年版，第445页。

③ 《马克思恩格斯选集》（第1卷），人民出版社1956年版，第656页。

④ 《列宁选集》（第4卷），人民出版社1995年版，第55页。

⑤ 尹光志、熊传东：《从官本位到求真求实》，载《科学时报》2010年10月21日。

两千多年，社会主义又用了六十多年，至今还要用下去。照"什么社会先用了这种结构就说这种结构是什么社会的"说法，有的同志（与毛泽东在"文化大革命"中的做法一样）誓死捍卫树结构，他（或她）不是在捍卫"封建主义"吗？不过，果结构中的某些种别，我们确实是不能接受的，如"三权鼎立"体制，因为它湮灭了中国共产党的领导。

在果结构体制上，社会主义核心价值体系必将根深叶茂。

8．在中国人心目中也应该建立起来类似于港人的"廉政公署"这样的丰碑

"民意调查显示，香港99%的市民支持廉政公署，81%的市民认为廉政公署是不偏不倚的，并愿意举报贪污。"[①] "廉政公署，也早已不仅仅代表一个传奇机构，更成了每个香港人核心价值的一部分：公正、平等、秩序。每个人心中都有一座廉政公署，这才是香港社会让人心动的地方。"[②]

港人之所以能够塑起"廉政公署"这样的丰碑，根源在于它的权力结构是一种果结构：由前文所知，这种结构的构成，是采用"异权分割法"进行的，不但人在这种结构中生活是"自主"的。在这种结构之下，人们经过多次的反复试验（也包括看到别人的事例）就会体会到：人们在类结构上是权力"平等"的。渐渐地，就涌现出了一种"民"不怕"官"、不畏"官"的心理，使市民认识到"廉政公署是不偏不倚的"、"愿意举报贪污"等等。这样，市民心中的"廉政公署"形象就树立起来了。尽管，香港社会仍然是"以资本为本"、"为主义"的资本主义社会，仍然不能摆脱"资本剥削"，但这已是另一类事情了。

在中国现行的树结构体制下，"群众没有切实制约领导（人）权力的刚性渠道，特别是制约'一把手'权力的刚性渠道"[③]。"人民群众的知情权、参与权、表达权和监督权很难发挥。要根治腐败现象，最根本的是要治理用人上的腐败，要切实限制'一把手'的用人权，防止……以组织名义谋取'私利'。"[④]

---

① 艾墨：《港人心中都有一座廉政公署》，载《中国青年报》2009年2月25日。

② 艾墨：《港人心中都有一座廉政公署》，载《中国青年报》2009年2月25日。

③ 竹立家：《反腐治根在于用人制度》，载《中国改革》2009年第7期。

④ 竹立家：《反腐治根在于用人制度》，载《中国改革》2009年第7期。

这就是说，反腐治根在于对植根于我国两千多年以来的"管人"、"用人"的树结构体制，必须进行结构类型的转换。没有这种转换，我们根本就难以树立起类似于香港"廉政公署"这样的丰碑（因在树结构体制下，不能形成香港"廉政公署"那样的社会环境）。

只要我们把树结构转换成果结构，中国人心目中也会升起一座类似于香港"廉政公署"这样的丰碑。树—果结构的建立，也会建立起稍差一些的丰碑来。

最后，在我国现实社会中，为了解决某一问题，便设立相应的机构，如为了反腐防腐，便设立各个层次的纪律检查委员会、反腐局、检察院、××局等。其中名目繁多，但效果并不怎么样。其实，问题并不在于这些机构设置的多少，甚至于不在于这些机构设置的"合理"程度。更主要的是，这些（作为社会元素的）机构在整个社会中的整体结构（即权力结构）类型的合理性：权力结构类型（功能性）好的，这些机构设置很少但反腐防腐效果却很好；权力结构类型（功能性）差的，这些机构设置再多也只能事倍功半。例如，发达国家（包括我国香港），其结构为果结构类型，反腐防腐功能较强，它的机构设置很少，但其反腐防腐效果就是好；而我国现实的树结构，反腐防腐功能较弱，就是机构设置再多，其效果也注定不好。①

9．转变作风难在何处？需要怎么办？

付小为在《长江日报》发表文章说："近一段时间，新一届常委们在不同场合的表态、举动持续受到关注。从转变文风会风、改进工作作风，到7常委出行未清道不封路等，一种好的政治气象受到广泛的肯定和赞誉。但从不少过于乐观的情绪和解读里，我们看到，一些人对作风转变的难度认识得不够，也没有意识到作风问题的核心指向。"②

"从改变作风、摆正官民关系的层面看，情况是复杂的。反官僚、反腐败，无论是在中国历史，还是中国共产党的执政史上，更严厉的手段不是没有运用

---

① 潘德斌、颜鹏飞、吴德礼、王长江、赵凯荣、陈国荣等：《中国模式：理想形态及改革路径》，广东人民出版社2012年版，第178—190页。

② 付小为：《充分认识转变作风的难度》，载《长江日报》2012年12月11日。

过，短期内或有效果，但本质上说，都没能带来历史性的转变。与其说这是历史惯性，不如说是始终没有触及官民关系的实质。"①

"自古以来，中国的政治叙事中，总有一种'官在上，民在下'的'两极'认知。在这个意义上，权力站在政治舞台的中心，语言上的脱离群众、思考逻辑上的自利倾向、作风行动上的变形走样，只是官民关系没有得到本质改变的一种表现。"②

"目前的官场习气和政治文化，有千年历史文化的浸染，也有几十年制度特点的惯性。表面上很容易因人而变，本质上却又变化甚微，没有形成坚固的价值和制度。一方面是上有所好，下必行之；一方面却是上有政策，下有对策。"③

"目前要警惕盲目乐观的情绪，对于高层来说，不能满足于各级官员的表态，对于民间，也要避免落差带来的失望。要给予足够的耐心、信心，支持推动这项改革的层层深化。"④

评论：付小为上述文章的观点基本上是对的，但因没有点到问题的实质，从文中也找不到如何从本质上解决"作风转变"的根本方法，所以这类文章的作用不会很大。但它还是告诉了人们："作风转变"确实是一件十分困难的事。这是事实，但为什么呢？

因为作风问题的"核心指向"或称为核心问题是一个国家的权力结构类型如何。如树结构与果结构的不同类型，就有完全不同的官场习气或称为官场作风。例如，同样的华人，相隔时间也不长，一个是树结构体制下的中国，一个是果结构体制下的中国台湾。有人总结了大陆官员与台湾官员的十大（作风）不同⑤：如对从马英九到任何级别的官员，台湾的电视名嘴可对其评头论足，概莫例外。官员一旦违法违纪，媒体就可曝光，而无论其职务高低。不像大陆官员，违法违纪甚至犯罪，首先是党纪，然后才是国法，媒体更不敢轻率曝光，有时只能装聋作哑，甚至受制于权力，昧着良知"抬轿子"、"吹

---

① 付小为：《充分认识转变作风的难度》，载《长江日报》2012年12月11日。
② 付小为：《充分认识转变作风的难度》，载《长江日报》2012年12月11日。
③ 付小为：《充分认识转变作风的难度》，载《长江日报》2012年12月11日。
④ 付小为：《充分认识转变作风的难度》，载《长江日报》2012年12月11日。
⑤ 《大陆官员与台湾官员的十大（作风）不同》，载网易，2013年2月26日。

喇叭"。

（1）因"无论是中国历史，还是中国共产党的执政史上"，中国的权力结构都基本上属于树结构类型，而在树结构之下，官对民的权力关系是绝对的，这就从根本上决定了如付小为所说的那样："自古以来，中国的政治叙事中，总有一种'官在上，民在下'的'两极'认知。"虽然，有的时期，如付小为说："更严厉的手段不是没有运用过，短期内或有效果，但本质上说，都没能带来历史性的转变。与其说这是历史惯性，不如说是始终没有触及官民关系的实质。"在这些手段用过后，并没有改变我国权力结构的树结构类型，最多只不过相当于在树结构"关节点"上换了一批新"螺丝钉"（这相当于对"树结构"这台旧机器进行一次修复）。但官与民之间的本质关系一点也没有变，当然，在"短期内或有效果"（即这些新"螺丝钉"在磨合期）之后，又呈现出官民关系的本质来，当然就是"现菜一碗"了。所以，可以说：在我们的社会中，存在着一个基本矛盾，那就是由树结构决定的层级矛盾（即"民与官"的矛盾）①。付小为说正是"在这个意义上，权力站在政治舞台的中心，语言上的脱离群众、思考逻辑上的自利倾向、作风行动上的变形走样，只是官民关系没有得到本质改变的一种表现"。

（2）我们的文化是生长在树结构体制上的势能文化，即一种如何适应树结构要求的政治文化，一种如何才能"适时务为俊杰"的甚或只是自主地用"权谋"去获利的文化。这就是付小为所说的"千年历史文化的浸染，也有几十年制度特点的惯性"；这就是"表面上很容易因人而变，本质上却又变化甚微"的根源（因树结构类型不变，就不会有作风本质的改变）。但其中，付小为"没有形成坚固的价值和制度"的说法却值得商榷，其实，几千年以来，中华民族就是在这样"坚固的价值和制度"中成长起来的。只不过用现代的观点来看，这是一种非常残忍的"劣性"的成长，一种包含"优汰劣胜"机制中的成长罢了。这或许如北京理工大学人文学院教授、中国问题创始人胡星斗所说："从某种意义上讲，中国历史是一部贪污腐败史，是一部知识分子为了集权政治而牺牲独立人格和自由的历史。以树结构体制来剖析历史

---

① 潘德斌、颜鹏飞、吴德礼、王长江、赵凯荣、陈国荣等：《中国模式：理想形态及改革路径》，广东人民出版社2012年版，第61—64页。

中国，尤其清晰、深刻。"①

　　（3）"要警惕盲目乐观的情绪"是没有用的。首先，谁来警惕就是一个问题。其次，社会的权力结构一旦形成，它就主要决定了整个社会的运行、控制、有序性、稳定性以及社会意识等等，任何个人或集团在权力结构面前（只要你不去改变结构类型）都是微弱的，甚至是无能为力的。如北京大学张维迎教授在2008年7月就写了《警惕经济改革中的反市场倾向》②一文，四年过去了，这种"反市场倾向"不但没停止，反而愈演愈烈，大有吞食"市场"的可能。"对于高层来说，不能满足于各级官员的表态"等诸多提醒也没有多少实际意义，如果高层愿意听这些话，我们可能还处于某个封建王朝的时代了。除非对树结构来一个类型转换（哪怕转换成某种树—果结构体制），这也是一种社会的进步。否则，付小为希望的"对于民间，也要避免落差带来的失望"就几乎完全不可能了。付小为指出："要给予足够的耐心、信心，支持推动这项改革的层层深化。"这话是对的，但是这项改革不能是别的，只能是我们多次提到的"结构改革"。

　　总之，"离开权力结构的理论研究，便成了'社会现象研究'"③，离开权力结构的"改革"，将是一场（像中国封建社会中"改朝换代"中的朝代一样）没有任何社会进步的"游戏"而已。

（尹光志　程峰）

---

① 潘德斌、颜鹏飞、吴德礼、王长江、赵凯荣、陈国荣等：《中国模式：理想形态及改革路径》，广东人民出版社2012年版，"专家推荐"第7页。

② 张维迎：《警惕经济改革中的反市场倾向》，载《经济观察报》2008年7月7日。

③ 潘德斌、颜鹏飞、吴德礼、王长江、赵凯荣、陈国荣等：《中国模式：理想形态及改革路径》，广东人民出版社2012年版，附录3。

第六章　现实社会中的种种问题（1）

在现实社会中，存在着大量的社会问题和理论问题，既有理论上的，也有实际中的。前几章已经涉及了诸多的社会问题，在这一章里，笔者又选择了如下社会问题进行论述。

1．习近平："摸"论的核心在于"摸"规律，规律究竟何在？

华东政法大学蒋德海教授指出 [①]："摸着石头过河"的"目标就是'过河'。从我国改革开放来看，就是要实现从计划经济转向市场经济，从传统政治转向民主政治，从人治社会转向法治社会。"蒋德海教授在谈了"摸着石头过河"表现出来的三个方面的智慧之后指出："必须看到，我国 30 年经济改革取得巨大成功的同时，改革开放初期确定的某些基本目标没有实现。如从 1986 年 9 月到 11 月，邓小平几次提出党政分开。"蒋德海说："不搞政治体制改革，经济体制改革难于贯彻，党政要分开。"

蒋德海最后指出："党的十八大报告也明确提出了政治体制改革。特别是近期习近平总书记明确提到要'要深入研究全面深化体制改革的顶层设计和总体规划，明确提出改革总体方案、路线图、时间表'。"同时又提出："要坚持有效的改革路径，尊重人民首创精神，尊重创造……鼓励大胆探索、勇于开

---

① 蒋德海:《"摸着石头过河"是一种政治智慧》，载《社会科学报》2013 年 1 月 24 日。

拓，允许摸着石头过河。""这就非常清楚地表明，'摸着石头过河'将继续成为我国改革开放的政治智慧。"

凌河在《解放日报》上说[①]：在改革开放实践中，第一次提出"摸着石头过河"的，是陈云同志。1980年12月16日，在中央工作会议开幕时，陈云同志就说，改革最重要的，还是要从试点着手，随时总结经验，也就是"摸着石头过河"。数天之后，在闭幕会上，小平同志表示完全同意陈云同志意见，"这是我们今后长期的指导方针"。

"摸"论刚一提出，就有人不同意，认为改革开放是一条涉及广泛领域的"大河"，靠"摸着石头过河"不行。针对这种议论，小平同志说不少同志"不懂哲学，很需要从思想方法、工作方法上提高一步"；陈云同志则说，有人在报上批评"摸着石头过河"这句话，但没有讲出道理来。"九溪十八涧"，总是摸着石头过河！"摸着石头过河"这句话我没有放弃。

改革开放一路走来，实践早已证明：没有试验，就没有政策；没有"一点"的突破，就没有全局的告捷；没有个性，也就没有共性。尤其重要的是，没有在实践中的"摸"，任何层面的改革设计都不会是"人脑固有"或从"天上掉下来"的。有一种说法，以为"摸"论是"走到哪儿算哪儿"，似乎是一种适用主义或机会主义的策略。其实"摸"论是有明确方向的，这就是习近平同志再论"摸着石头过河"时强调的，"在方向问题上，必须头脑清醒"；"摸"论核心在于"摸"规律，并不是细枝末节，更不是表面现象；"摸"论和加强顶层设计是辩证统一的，前者是后者的基础，而后者则是前者的重要前提。

凌河的文章写得不错，特别是关于习近平总书记对"摸"论的阐述，抓住了"摸"论的本质，凌文的正确性值得肯定。但凌文中也有点小毛病，如文中提到"没有试验，就没有政策"，严格说来，他这里的"政策"，不是指我们所说的社会制度的第三层次——"法规细则"中所说的"政策"，其含义应该广阔得多，应是更一般的"对策"。而从权力结构的研究（见新书《权力结构论》、《中国模式：理想形态及改革路径》）可知：社会制度中最为重要的层次，是关于它的"权力结构"。所以，凌文中的"对策"还应包括我们关于"权力结构论"的研究。

---

① 凌河：《"摸着石头过河"不是"走到哪儿算哪儿"》，载《解放日报》2013年1月4日。

对此笔者已经"摸"出了这样几点（这其中，有好几点也是人类社会发展的必然"规律"）：

（1）近几百年以来，我们落后于西方的总根子，在于我们的整体结构（即权力结构）不如西方，即我国是树结构，而西方是果结构。而社会制度中用文字规定的属性内容又往往由整体结构的功能来体现，例如，树结构由于它的功能很弱或某些功能没有，丰富、高度的社会主义的属性内容就根本体现不出来，如社会主义的民主、人权、法治等等，树结构就体现不出来。我们已经证明：只有把社会主义制度建立果结构体制上，才能"在政治上创造比资本主义国家的民主更高更切实的民主，并且造就比这些国家更多更优秀的人才"①，只有在这种体制下，人们才能"切实可感觉到"法治、民主、自由、人权、平等的存在。而"我们今天在民主的某些形式上还未能高于西方民主"②的根源就在这里。

（2）果结构类中有无穷多个种别，"西方式民主制"常采用的"三权分立"只是其中的一种，它的弱点是湮灭了党的领导。我们在果结构类中，找到了一种果结构，它坚持了中国共产党的领导，坚持了社会主义，被我们称为"东方式民主制"③，它还包含了党政分开、司法独立等等。

（3）果结构体制保障了社会主义经济的良好运行，而社会主义所有制即指大众股份制④。

（4）解决了体制改革的其他问题，如诚信度下滑、道德下降等问题。

（5）笔者提出的政改方案是渐进的，是可以推倒重来的改革方案。这可以给改革者充分的时间及"纠错"的余地。

----

① 《邓小平文选》（第二卷），人民出版社 1994 年版，第 322 页。

② 侯惠勤：《以真理打破幻想——我们为什么必须批判"普世价值观"》，载《中国社会科学院报》2009 年 11 月 30 日。

③ 潘德斌、颜鹏飞、吴德礼、王长江、赵凯荣、陈国荣等：《中国模式：理想形态及改革路径》，广东人民出版社 2012 年版，第 140—143 页。

④ 潘德斌、颜鹏飞、吴德礼、王长江、赵凯荣、陈国荣等：《中国模式：理想形态及改革路径》，广东人民出版社 2012 年版，第 144—154 页。

2．党内民主集中制，究竟是民主制还是集中制？

中国共产党自成立之日起，便把民主集中制作为党的根本组织原则和组织制度。关于民主集中制，《中国共产党党章》明确指出："民主集中制是民主基础上的集中和集中指导下的民主相结合。"这是中国共产党对民主集中制做出的最具创新性的理论发展。

国家行政学院许耀桐教授指出："因为'民主集中制的集中'是对多数人的认识和意见的'集中'；而'集中指导下的民主'的'集中'，也是以多数人的认识和意见进一步'指导'，即约束和规范少数人的不正常的民主行为，不允许少数人任意去推翻多数人的认识和意见。由此可见，民主集中制的'集中'，说到底体现的是对大多数的民主权利的尊重，在其本质上就是民主，也只能是民主。"[①]

评论：许耀桐教授的推论是对的，但他的推论仍然是从我们所说的社会制度的三个层次中的"属性内容"层次中推论出来的。这个推论是否能在相应社会中体现出来，就完全取决于相应社会的体制特别是体制中的权力结构（层次）。那么，在我国现实体制（即我们所称的树结构体制）之下，又会怎样呢？这正如许耀桐教授所说："在一些党组织和领导者那里，民主集中制甚至变成了'没有民主'的环节，只剩下了'集中'的环节，或者只有'集中指导下的民主'的过程。比如，当前许多地方的'一把手'变成了'一霸手'，'一把手'权力过大，'一把手'用权不当，'一把手'权限不受制约监督。出现这种现象的根本原因就在于'一把手'牢牢地控制着'集中'的权力，实际上等同于垄断了'集中'。"[②]

如果许耀桐教授说的是事实，那就说明：树结构体制把我们的"社会主义属性内容"给扭曲或"异化"了，"属性内容"确定的是"民主"，而体制体现出来的却是"集中"。由于人们通常并没有把"属性内容"与它的体制区别开来的想法，这在实际工作中就逐步形成了我党"民主集中制"的实际印象。

那么，民主集中制的实质究竟是什么呢？理论界已形成了许多观点，有人认为民主集中制的实质是一种民主制；也有人认为是一种新型的集中制，即"民

[①] 许耀桐：《当前党内民主的关键在哪》，载《人民论坛》2011 年 7 月（下）。

[②] 许耀桐：《当前党内民主的关键在哪》，载《人民论坛》2011 年 7 月（下）。

主的集中制"；更有论者认为民主集中制的本质不是固定的，民主和集中的矛盾双方是互相转化的，有时民主是矛盾的主要方面，有时集中是矛盾的主要方面；但多数人认为民主集中制的实质是民主与集中有机统一。①

诚然，理论界上述关于民主集中制本质认识的观点，都有一定的理由及道理，但它们之中最缺乏的是有关权力结构及分类等概念以及种种理念。我们知道，任何国家制度都包含三个基本层次——社会的属性内容、权力结构、法规细则。在相应社会体制模式中，权力结构体现了体制（模式）的本质（部分），而法规细则只体现具体尺度和微调作用。任何关于"制度"（包括民主集中制）的研究，都离不开相应国家制度中权力结构及其类型的研究。所以，从这点来讲，关于民主集中制的研究，通常有两个"实质"：如我国，一个是从社会主义属性内容出发，来看应有什么实质，如上述许耀桐教授指出的民主集中制应该是"民主制"的结论就是从社会主义属性内容的规定性推出的，简称社会制度的规定性"实质"；另一个是权力结构的类型（因为这决定了相应国家人们实际的运行、控制、有序性及稳定性，以及社会的法治状态、人们主体的社会意识等等），这是现实社会的权力结构对上述文字规定内容的体现程度，即简称社会制度的体现性"实质"。如果这两者的结论很接近，就说明这类权力结构是适合体现这个属性内容的；如果它们相差很远甚至截然不同，就说明这类权力结构与属性内容不太相容。树结构在我国已经存在两千多年了，我们的民主集中制也是基于我们的树结构体制而言的。树结构体制是一个本质上由"一把手"说了算的"人治"体制，"一把手"在决策过程中表现出来的"民主"风范，只不过体现了"一把手"自身的修养程度或领导艺术的高低，即"民主基础上的集中"与"集中指导下民主"都是可以由"一把手"随意"集中"的制度。从这里也说明：树结构与我们的社会主义制度的属性内容是深度不容的。

从这个角度出发，我们就能理解上述关于民主集中制实质的认识了。从社会主义属性内容讲，它的本质应该是民主制；但从现实社会实际看，它只能是一个新型的集中制。因为现实社会是一个"人治"社会，它只能随人——"一把手"的认识与意见而随波逐流，如 1959 年的"庐山会议"，顷刻之间可以从"反左"变成"反右"，就可作为"本质不是固定的"或"可以由'一把手'

---

① 陈冬生：《中国政治的民主抉择》，江西高校出版社 2004 年版，第 32—34 页。

随意'集中'"的例子。从这里也可看出：关于民主集中制本质的研究，是离不开权力结构及其类型研究的。我们知道人们之所以在社会中表现出品质优良，从本质上（或从大多人来）讲，是他们在相应的权力结构及法规细则（即体制）的约束、引导、激励之下的一种社会反映。要想社会良好发展、推进社会主义法治建设，"核心是'依法治权'"[①]，而"治权"的核心又是权力结构的类型转换，即结构改革。

由《中国模式：理想形态及改革路径》[②] 可以知道：最适合于社会主义社会的权力结构是果结构。体现民中集中制本质的民主性，也只能在社会主义果结构体制下才能得到充分的体现。

3．孔子文化阻碍了中国的科学发展吗？该怎么办？

清华大学地球系统科学研究中心教授宫鹏在国际著名科学期刊《自然》上，发表了题为《传统文化阻碍中国科研》[③] 的文章，提出"庄子和孔子文化阻碍中国科研"。文章写道："两千多年来，两种文化基因影响了数代中国知识分子。第一就是孔子思想，他提出知识分子应该成为忠诚的管理者。第二个是庄周的思想著作，称一个和谐社会应该是源于孤立隔绝的家庭，从而避免交流和冲突，还应回避科技，从而避免贪婪。总的说来，这些文化鼓励在中国社会进行小规模和自给自足的实践，但却有损好奇心、商业化及科技发展，它们使得中国社会产生科学上的空白，它们在现今仍发挥作用。"

对于如何破除这些文化障碍，笔者认为要做到如下几点：①学校教师应鼓励学生的好奇心；②中国应鼓励合作研究，细化分工；③中国应努力帮助科学家参与国际项目，并吸引外国科学家到中国来。

宫鹏教授的观点得到了许多科技工作者的赞同，如中国科学院对地球观测与数字地球科学中心研究员刘良云在其博客中称："传统儒家文化的确束

①　布小林：《树立法法律信仰需要摒弃工具主义思维》，载《法制日报》2011 年 7 月 11 日。

②　潘德斌、颜鹏飞、吴德礼、王长江、赵凯荣、陈国荣等：《中国模式：理想形态及改革路径》，广东人民出版社 2012 年版，第 65—75 页。

③　宫鹏：《传统文化阻碍中国科研》，载《东方早报》2012 年 2 月 2 日。

缚了创新，而创新是科研的核心。从历史角度来看，自从我们遵从了儒家文化，中华文明基本就停滞了，现代科学对中华文明来说实际上只是舶来品。现代科学没有诞生在儒家文化的东亚而是欧洲，且儒家文化对现代科学贡献极微小。"①

也有学者不认同上述观点，如香港大学中国文化研究所教授陈方正先生就认为，这类观点误导的成分很大，是没有意义的。孔子、庄子所关心的人伦、人生、社会的问题，不是非自然现象的问题，当然不可能促进科学发展，但称为"阻碍科学发展"也不恰当。在他们生活的时代，还谈不上有多少科学研究，"阻碍"云云，实在无从说起；孔子、庄子的思想并非仅仅是其个人的选择，而是反映了整个中华民族的某种倾向。总之，传统文化中科学技术不发达是文化路向问题，不能归咎于个别思想家。

北京师范大学哲学与社会学学院强昱教授认为，从孔子、庄子思想本身中很难找到阻碍科学发展的因素，老庄思想在后世对中国古代科学发展的作用非常明显。科学发展有其本身所需要的条件，这类条件更多地体现在社会需求方面。恩格斯有句名言："社会一旦有技术上的需要，则这种需要就会比十所大学更能把科学推向前进。"近代科学未产生于中国是因为当时的社会需求并不强烈。

（1）争论的两派虽然都有一些可贵之处，或都有一定的道理。但都没有触及问题的实质，而是在一个"现象领域"——文化现象领域就争论开了。从《中国模式：理想形态及改革路径》一书可以知道：一个社会的文化层次（有人称为文化层面或文化维度），其实是相应社会权力结构的某种现象——称为文化现象。一个社会的主流文化就是与相应社会的权力结构类型协调的文化，如中国传统文化（主要指儒家文化）就是与树结构之协调，并有两千多年历程的文化，或者称是在树结构的支撑下长得根深叶茂的文化，即我们所称的势能文化②。当然，反过来，势能文化能够也能较好地维护势能结构（即树结构）的稳定性，从而使树结构成为两千多年以来的"超稳定系统结构"。

（2）既然我们看清了文化是现象而权力结构是实质的话，那么，"我国

① 张春海：载《中国社会科学报》2012年2月6日。

② 潘德斌、颜鹏飞、吴德礼、王长江、赵凯荣、陈国荣等：《中国模式：理想形态及改革路径》，广东人民出版社2012年版，第14—17、第118—130页。

今天存在的问题"（如"钱学森之问"）就只能是我国权力结构的类型有问题，而不是文化层次的问题了。事实上也确实如此：商鞅自秦孝公时期"变法"以来，把秦国的果—树结构改成了树结构体制（即郡县制），这大大促进了秦国的强大，但秦孝公死后，商鞅遭到了秦国贵族的诬陷，后惨死于秦。秦始皇统一中国十几年后便灭亡了，所以，刘邦在西汉建立时，并没有效仿秦始皇的树结构体制，而是采用了秦孝公以前的果—树结构体制。直到西汉景帝年间，被迫杀了主张建立"中央集权制"（即商鞅主张的郡县制，亦即我们所说的"树结构体制"）的晁错的汉景帝，任命周亚夫平息了"吴楚七国之乱"。此时离建汉初年已过了六十多年，这之后，中国才逐步建立起树结构体制来。紧接着，在汉武帝时代（大约在前134年），汉武帝为了专制主义中央集权政治的需要而尊儒黜道，但当时，汉武帝又认为儒家的理论学说不太完备，而认为道家、黄老之学无论是在其思想体系的建构还是具体的政治主张方面，皆有许多比儒家成功、高明之处。因此，他迫切需要的是一种以儒家思想为中心而又全面吸收道家、黄老思想的长处并能超过道家、黄老长处的全新的儒学思想体系。而正当此时，一代大儒董仲舒出现了，他大谈道家、黄老如何入儒等等，终于用道家、黄老的思想资料充实了儒家思想，从而在发挥儒家义理的基础上，建构了一个让武帝心醉的既有儒家的三纲五常又有道家及黄老特色的崭新的儒学思想体系。于是，中国社会便开始了"独尊儒术"的时代，儒家文化便成了树结构体制的粉饰剂。

然而，儒家文化毕竟是对人们的一种"文化说教"，因任何"文化说教"最多也只能算作"软实力"，而不具有权力结构不同类型支配人们在"社会运行"中那样的"硬实力"。相对于权力结构层次而言，文化毕竟是处于次要作用的或称第二位的。例如，在本书第一章第7（7）点中，我们笔者已经讲过：在树结构体制下，人们不能任意去怀疑、任意去批判、任意去分析，更不能任意去实证某些事物或规律，而要听从"上级的意见"（唯上意识），即树结构没有"科学精神"（因科学精神"就是怀疑精神、批判精神、分析精神和实证精神，是这四种精神之总和"[1]）。在这样的体制下，也就没有了科学的发展。所以，在这样的体制之下，中国社会"产生科学上的空白"，出现了"钱学森之问"等等，是完全可以理解的。

---

① 钟道然：《我不原谅》，生活·读书·新知三联书店2012年版，序。

（3）为改变中国现有的科学状态，宫鹏教授认为："首先，学校教师应鼓励学生的好奇心。其次，中国应该鼓励合作研究，细化分工。最后，中国应努力帮助科学家参与国际项目，并吸引外国科学家到中国来。"这是远远不够的，因为科学的发展，仅仅有学生时代的好奇心或以后的"合作研究，细化分工"或把外国科学家请到中国来等等，都没有从根本上改变我国的树结构体制及相配合的文化。而刘良云教授的评价："从历史角度来看，自从我们遵从了儒家文化，中华文明基本就停滞了，现代科学对中华文明来说实际上只是舶来品。现代科学没有诞生在儒家文化的东亚而是欧洲，且儒家文化对现代科学贡献极微小"，基本上是正确的。而我们要改变这种困窘，唯一的出路便是对树结构进行类型转换（即结构改革）。

强昱教授说："孔子、庄子思想本身中很难找到阻碍科学发展的因素，老庄思想在后世对中国古代科学发展的作用非常明显。"这是自然的，孔子、庄子时代根本就没有意识到以后的"科学发展"之事。至于老庄对"中国科学发展"的作用，仍旧没有超越刘良云教授所说的"舶来品"范畴，根本不能与刘良云教授所说相提并论。

（4）当然，笔者以上的说法是从本质原因上讲的。如何只从文化层次上来看，上述宫鹏教授及刘良云教授的观点是对的，而陈方正教授、强昱教授的观点有些偏颇。陈方正教授所说的儒家文化，就是处理人际关系的政治文化，当然，是不会谈科学发展的，也不会有明显的"阻碍"等。

附注：结合到我国目前的改革，在此多说下述几句话。

说到"变法"，中国人常常把中国古代的"变法"通通相提并论，认为是相同的，如将"商鞅变法"、"王安石变法"及"张居正变法"等等，都称为"变法"。其实，中国的变法应分成两类：（在我们所说的"社会制度的三个层次"中）一类是关于"权力结构"层次（类）的变法，在中国只有"商鞅变法"一例；另一类是关于"法规细则"层次的变法，在中国封建社会中的所有变法（包括上述诸种变法），都可以作为这类变法的例子。

在这两类变法的例子中，为什么只有"商鞅变法"成功（虽然它经历了许多曲折，甚至在商鞅死后的一百多年的时间里才看到这种成功）了呢？根本原因是"商鞅变法"进行了权力结构的类型转换（从果—树结构转换成树结构），而其他的"变法"却是在保持树结构类型不变条件下的政策性"变法"。其实，只要树结构类型不变，它的"法规细则"层次的变化非常有限，且只能是"按下葫芦起来瓢"的。这是因为权力结构从整体上决定了相应的社会制度的社会功能，甚至包括法规细则的宽窄限度，不变权力结构类型的"变法"，其作用毕竟是非常有限的，如我国至今为什么都不能建成法治社会，根源就在于我国社会的权力结构为树结构，且至今没有类型转换。关于这个问题可以参考《中国模式：理想形态及改革路径》一书，特别是该书第15文。所以，中国只有对树结构进行类型转换，改革才能成功。既然这样，晚改还不如早改。

现在是中国政改的最好时期。邓小平同志在"南巡"讲话中指出："大约需要三十年的时间，我们就可以建立起一个比较完善的、成熟的、定型的社会主义市场经济体制。"[①]《中国模式：理想形态及改革路径》一书已证明：只有以果结构为权力结构的体制，才称得上社会主义市场经济体制。客观地讲：建立社会主义果结构体制，也至少需要三十年左右的时间。请开始对体制进行结构改革的试点吧，此乃上上策也。

4．要自由，必先要建立秩序

哈佛大学已故政治学家亨廷顿指出："首要问题不是自由，而是建立合法的公共秩序。人类可以无自由而有秩序，但不能无秩序而有自由。"[②]在中国的现实社会里，有些人感到"自由"不足而渴望更多的"自由"。其实，在任何社会中，自由和秩序都是一对共同体：①自由离不开秩序而单独存在，而在任何秩序之下都必然有一定的自由；②没有秩序也就没有自由；只有高能级有序性的秩序，才会存在人们所说的充分的自由。所以，人们之所以感到"自由"不足，那是因为我们的秩序能级还不够高级所致。

事实也是如此，我国的树序是与计划经济相协调的，并形成了当时社会人们的"自由"，如人们按上级指令运行，自愿把自己变成了机器运行的部件的"自由"。这正如北京理工大学人文学院教授胡星斗所说："从某种意

---

① 杨建国：《"上半场"与"下半场"——访著名经济学家常修泽》，载《领导科学论坛》2012年第10期（下）。

② ［美］萨缪尔·P·亨廷顿：《变动社会中的政治秩序》，王冠华、刘为译，上海人民出版社2008年版。

义上讲，中国历史……是一部知识分子为了集权政治而牺牲独立人格和自由的历史。以树结构体制来剖析历史中国，尤其清晰、深刻。"① 但与市场经济相互协调的社会秩序却是果序，果序的建立是需要对树结构进行结构改革为前提的。然而，近三十多年以来，我们的改革由于基本上没有触及树结构，而只是涉及社会制度第三层次，即"法规细则"层次的改革。所以，现在是树结构确定的运行、控制通道（即秩序的通道），但相应的秩序细则却是由"市场法则"来决定的（注意：树结构与市场经济是不相容的），这就形成了一种旷世未有的无序状态（这就是科学，而不是盲目试验可以完成的，我国这三十年的"改革试验"也完全证明了这一点）。难怪，连美国安德鲁－瓦尔德先生都把我国现实状态称为"失序的稳定"②。特别是这些年来，在市场经济运行中，我国表现出来的"诚信越来越低"、"道德越加失衡"以及"腐败越反越烈"等现象就更加说明了：没有社会主义市场经济秩序的建立，就没有大众的"自由"。"我国社会的总体信任指标在 2012 年进一步下降，已经跌破及格线。"③ 再不尽快地建立起社会主义市场经济秩序来，我们就实在有些有违原则了。

由果序形成的社会秩序，特别是由社会主义果结构体制建立起来的社会秩序，是人类社会最高能级的社会秩序。只有在这种秩序中，人们才会享有最充分的自由。鉴于我国的实际状况，我们还不可能把树结构立即推倒，从树结构到果结构，添进了一些过渡性体制，即若干树—果结构体制，以达到最终建立社会主义果结构体制的目的。

5．社会心态良好的关键是：迅速在我国建立起社会主义市场经济的新秩序

2013 年 1 月 8 日，中国社会科学院社会学研究所发布了《社会心态蓝皮

① 潘德斌、颜鹏飞、吴德礼、王长江、赵凯荣、陈国荣等：《中国模式：理想形态及改革路径》，广东人民出版社 2012 年版，"专家推荐"第 7 页。

② ［美］安德鲁－瓦尔德：《失序的稳定：中国政权为什么有力量》，载《社会科学报》2010 年 7 月 15 日。

③ 李宁：《是什么导致了"社会情绪反向"》，载《中国青年报》2013 年 1 月 9 日。

书》①，它显示出：

（1）"中国目前社会的总体信任进一步下降，人们之间的不信任进一步扩大。只有不到一半的人认为社会上大多数人可信，二到三成信任陌生人。群体间的不信任加深和固化，表现为官民、警民、医患、民商等社会关系的不信任，也表现在不同阶层、群体之间的不信任，从而导致社会冲突增加。越来越多相同利益、身份、价值观念的人们采取群体形式表达诉求、争取权益，群体间的摩擦和冲突增加。""社会不信任导致社会冲突增加，又进一步强化了社会的不信任，陷入恶性循环的困境中。"

（2）"民众需求层次进一步扩展，标准大幅提高，民众对洁净空气、无污染的水、改善的住房条件、保障健康的医疗条件、宜居的自然环境等基本生活需求标准进一步提高；安全的食品、安全便捷的交通、安全的生产环境、有效的灾害防范等成为基本需求；民众的民主意识、权利意识、政治参与意识增强，尊重与认同需求、个人发展已经成为新的必须满足的需求。阶层分化和底层认同使得民意极端化，常常表现出一边倒的声音和行为。"

（3）"阶层意识强烈影响社会心态和社会行为，蓝皮书指出，底层认同、弱势群体认同依然比较普遍，底层认同已经成为影响社会心态和行为的关键因素，影响到社会成员对社会安全、社会信任、社会公平感和社会支持等方面的感受，也成为采取社会行动的依据。"

（4）"社会群体更加分化，群体行动、群体冲突增加，阶层分化和底层认同使得民意极端化，常常表现出一边倒的声音和行为。极端化格局下，群体进一步分化。常常出现由事件引发的，短暂、松散、无组织、无目标的利益群体。越来越多相同利益、身份、价值观念的人们采取群体形式表达诉求、争取权益，群体间的摩擦和冲突增加。"

（5）"我国社会情绪总体的基调是正向为主，但存在的一些不利于个人健康和社会和谐的负向情绪基调不容乐观。不断发生的社会性事件导致社会情绪的耐受性和控制点降低，社会事件的引爆点降低。仇恨、愤怒、怨恨、敌意等负向情绪与需求不满足、不信任、社会阶层分化有密切关系。弱势群体中一些本该同情却欣喜、本该愤恨却钦佩、本该谴责却赞美的'社会情绪

① 王俊秀、杨宜音：《社会心态研究报告（2012—2013）》，社会科学文献出版社2013年版。

反向'值得警惕。"

（6）"社会共享价值缺乏，难以形成社会共识，在社会分化和社会不良风气的影响下，社会共享的价值观念缺乏。缺乏基本的、大家共同坚守的核心价值观念，社会互信无法实现，社会共识难以达成。"

《社会心态蓝皮书》提出了上述问题解决的原则，即"制度层面建立社会信任机制"及"关注社会阶层意识"，并提出如下一些政策建议。

（1）未来的民生工作要关注社会心态，既要满足民众衣食住行等生活需求，也要重视群体接纳、认同、尊重等社会性需求，通过高效、廉洁的公共服务体系切实保障民众各方面的基本权益。

（2）发挥公共权力在建立社会信任机制中的核心作用，要从制度层面建立社会信任机制，摆脱社会信任困境。

（3）要关注社会阶层意识，关注社会中低层认同群体的心态和处境，切实保障他们的权益。关注不同群体、身份、民族、阶层等的认同问题，研究化解群体矛盾、民族矛盾、阶层矛盾和身份地位矛盾的有效策略，避免群体和社会冲突的发生，避免社会的割裂。

（4）要关注社会情绪，特别是关注社会负向情绪，尽量消解那些不利于社会良性运行的负向情绪。而消解负向社会情绪要依靠对正向情绪的激励，要靠切实满足民众的基本需求，建立公平有序的社会秩序。

（5）应该倡导和正向激励那些对社会有利的基本价值观念，引导它们逐渐固化为全体成员的核心价值，成为社会稳定的坚实基础。

最后，《社会心态蓝皮书》进行了数据分析，指出了强征与强拆、涉法与涉警、劳资纠纷和福利待遇以及反腐倡廉等类别的数据分析。

评论：《社会心态蓝皮书》指出了几点问题的存在，正好说明了中国社会的基本矛盾仍然如我们所说的"层级矛盾"[①]（即"民与官"的矛盾），而社会不同心态都是由这一矛盾而引发的。蓝皮书中所说的"阶层分化"而引起不同的"阶层意识""强烈影响社会心态和社会行为"等等，就是这个意思。

斯大林与毛泽东面对这种矛盾时，曾惊呼是"阶级斗争"的反映及表现，

---

① 潘德斌、颜鹏飞、吴德礼、王长江、赵凯荣、陈国荣等：《中国模式：理想形态及改革路径》，广东人民出版社 2012 年版，第 61—64 页。

曾用"专政"或"无产阶级继续革命"等办法来解决，结果证明是错误的（本来在生产资料私有制的社会主义改造完成之后，当我们已建立起社会主义公有制之后，原来的"阶级斗争"已降到次要地位。把"阶层矛盾"再视为"阶级斗争"，这不能不算一个错误）。后来有人用"软"[①]方法来"磨与拖"，从而想解决这种矛盾。然而，这没有从根本上防止这些心态及矛盾的产生，仍然不能从根本上解决问题。

《社会心态蓝皮书》提出从"制度层面建立社会信任机制"及"关注社会阶层意识"变化，这是抓住了问题的实质的。但怎样从"制度层面建立社会信任机制"及"关注社会阶层意识"变化入手呢？蓝皮书中没有讲，但《中国模式：理想形态及改革路径》中讲了：唯一的解决途径就是对树结构进行结构的类型转换，即结构改革。试设想：①树结构的存在，导致不同阶层的存在，不同的势位势能就存在，社会上就有一批手握"绝对权力"的人存在；②树结构的存在、社会的运行及控制通道等没有变，秩序及稳定性能级也没有质的提升；③树结构的存在，它就是中国社会中最大的社会存在，而这就必然引发"官本位"等意识的存在；④这样就必然引起人们在这类社会中"争抢官帽"（即不同的势位）。在这一过程中，有人还可能为了达到"获取势位"的目的甚至不择手段。其结果，部分现象就是我们看到的由《社会心态蓝皮书》所显示出来的种种社会状态。而只有树结构不存在了，上述种种问题才不会存在。

由此可以看到，我们必然要改变树结构类型，而最终实现果结构类型，即社会主义果结构体制的建立。当然，在这一过程中，也就包括了社会主义市场经济秩序的确立。而针对目前社会心态中反映出的问题，《社会心态蓝皮书》提出的一些政策建议是没有作用的。原因是这些"政策建议"都仅仅包含在"法规细则"（即第三）层次之上，是不能对树结构起到类型转换作用的，即按《社会心态蓝皮书》的建议，就是要保持树结构类型不变之下的"建议"，但我们已经知道这几乎是不可能的。

例如，《社会心态蓝皮书》"建议"中第（4）条指出："要关注社会情绪，特别是关注社会负向情绪，尽量消解那些不利于社会良性运行的负向情绪。而消解负向的社会情绪要依靠对正向情绪的激励，要靠切实满足民众的基本需求，

---

① 晁争辉：《完成"硬"任务要有"软"方法》，载《人民论坛》2011 年 7 月（下）。

建立公平有序的社会秩序。"因笔者已经证明：只有在社会主义果结构体制之下，才能真正做到"切实满足民众的基本需求，建立公平有序的社会秩序"。哪怕在社会主义树—果结构体制之下，也只能满足部分"民众的基本需求"，相当公平有序的"社会秩序"。试设想：在树结构体制之下，官员就是利用手中的"势能"（即树结构之下的"权力"）来贪腐的，而树结构对官员又几乎没有监督权。所以，在树结构之下，"要靠切实满足民众的基本需求，建立公平有序的社会秩序"是根本不可能的。又如，"建议"中第（5）条由本书第五章就证明了它的不可能性，此处略去不谈。

至于《社会心态蓝皮书》中所说的"弱势群体中一些本该同情却欣喜、本该愤恨却钦佩、本该谴责却赞美的'社会情绪反向'"不过是对我们这个"失序的稳定"（安德鲁－瓦尔德语）社会中，弱势群体所反映出的一种对社会现状无可奈何的调侃罢了。"值得警惕"是应该的，但这种需要警惕的事太多了，警惕来警惕去，却一点用处都没有。如北京大学张维迎教授在 2008 年 7 月就发表了《警惕经济改革中的反市场倾向》[1]，四年过去了，这种"反市场倾向"不但没停止，反而愈演愈烈，大有吞食"市场"的可能。其根本原因在于：树结构与市场经济不相容，对树结构决定的运行方式不适合"市场经济"发展（它不能支撑市场经济的良好运行）。在树结构基础上建立市场经济新体制，是缺乏"科学发展观"的一种奢望。要想真正警惕这些，我们必须从制度改革入手。当然，我们这里所说的"制度"，不是传统意义上的"制度"，而是包括"权力结构"层次在内的制度的新概念。即从树结构的类型转换入手，从建立起县一级的树—果结构体制开始，最终建立起社会主义的果结构体制。否则，就是天天瞪着眼睛，一刻也不停地注视着它、警惕着它，结果也只能是眼睁睁地看着我们的社会心态一天天地坏下去的。

（王鸿生　丁爱辉）

---

[1]　张维迎：《警惕经济改革中的反市场倾向》，载《经济观察报》2008 年 7 月 7 日。

第七章　现实社会中的种种问题（2）

1．我们能完全绕开西方文明吗？

中国社会科学院研究员周大伟在《绕不开的法治文明》① 一文中说：在中国经济快速发展的过程中，不少人开始产生自大自满的情绪，大谈"中国式的法治创新"。可问题在于，在法治文明上长期落后的民族，何来创新？

中国台湾著名法学家王泽鉴先生在若干次演讲中提到，多年来，台湾地区法律界曾多次试图摆脱西方国家法律体系的束缚，创新出具有中国人自身特色的法律法规，但是效果都不理想。最后，改来改去还是觉得德国人发明的一些规则更好用一些。

两年前，在烟台大学召开的一次中日民商法会上，一位日本民商法学者也诉说了类似的苦恼。在起草和修改日本现有的公司法律法规时，有些日本法律学者也信誓旦旦地要摆脱来自欧美的法律影响，创造出"具有日本特色"的新规则。结果，最后绞尽脑汁还是难以有所创新，到头来还是觉得欧盟制定的法规最精准到位。今天，我们不得不正视这样一个基本事实：法院、检察院、律师、诉讼程序、无罪推定、非法证据排除、物权、知识产权、反垄断等等，所有中国正在使用的一整套法律制度，几乎全部是从西方发达国家借鉴和移植过来的，其中也蕴含了全世界人类文明进步的诸多核心主流价值。

其实，我们眼下最需要的是加大力度借鉴"人类法治文明"的优秀成果，认真补足国家近百年的遗漏功课。

---

① 周大伟：《绕不开的法治文明》，载《中国新闻周刊》2013年第2期。

评论：（1）如果周大伟先生所说的真是那么回事的话，那么，这倒反证了权力结构论特别是它的分类的正确性。①果结构才能促进法律运行（即实施），而且，更老牌的发达国家更能在果结构体制上制定出好的法律法规（它属于社会制度的第三层次——法规细则）来。②在树结构体制下，制定出再多再好的法律法规，拥有再多的法院、检察院、律师事务所等办事机构，也几乎形同虚设，原因是法律法规不能良好地运行（即实施）。①

（2）周大伟先生可能忽略了一个事实，即我国的社会制度是建立在树结构之上的。他可能想用西方的"法治文明"来影响中国甚至改造中国，但他不知道的是：凡西方的发达国家，不管它是君主立宪制（如英国）、民主共和制（如法国）、联邦共和制（如美国）、民主社会主义制（如北欧）四大块中的哪一块，都是建立在果结构之上的（"三权分立"只是无穷多种果结构之一种）。不管西方发达国家表现出来的是"法治文明"或"文化文明"又或是有人统称的"西方文明"等等，其实质是它的"结构文明"，即由它的权力结构为果结构而表现出来的"文明"。它的法律法规与文化都是附生于它的权力结构之上的东西，而"法治文明"、"文化文明"或人们所说的"西方文明"等，都不过只是"结构文明"的附生物罢了。在树结构基础上建立起一个"法治国家"，是中国一百多年来一直存在的"妄想"。在《中国模式：理想形态及改革路径》一书的第15章中已经证明了这一点。

（3）关于如何建立法治国家，现在中国有如下三种认识（或称三大派）：①全盘西化派：认为要建立"法治国家"，必须把发达国家中"多党制"那一套都搬入中国，实行"西方式民主制"等。②保守派：坚持中国的树结构体制不变（注：保守派可能至今没有"树结构"的概念，这是笔者总结的），希望在中国实行人们一百多年以来的"妄想"。③改革派：已设计出来了保持中国共产党领导的果结构体制，即所谓的"东方式民主制"（亦即人们常说的"顶层设计"）。

当然，全盘西化那一套可以建立起"法治国家"，但被认为是资本主义"邪路"而不被采纳（因"多党制"一定会带来果结构体制的实现）。保守派要走的实质上是一条沿着两千多年以来的树结构体制，一直走下来的"老路"（在这条"老路"上，因任何权力相关的两元素之间，只能形成二元开口系统，从

___
① 潘德斌、颜鹏飞、吴德礼、王长江、赵凯荣、陈国荣等：《中国模式：理想形态及改革路径》，广东人民出版社2012年版，第166—179页。

系统论可知：时间久了就会引起整个系统的炸裂。如中国封建社会中，每每多则两三百年一次的"改朝换代"就是如此形成的，这就是所谓的"周期率"。何况，在近几百年的东西方"竞争"中，我们早已看出树结构远远落后于果结构）。现今还想保持中国的树结构体制不变，不利于社会的发展。只有改革派走的才是社会主义康庄大路，在这条路上，任何权力相关的两元素之间，已形成完整的二元闭合回路，所以会持续发展，并真正体现出社会主义社会制度属性内容的优越性。

（4）中国社会科学院副院长李慎明曾研究过民主的共性问题，他说："共性是从各种民主的国家管理形式和国家管理制度中抽象出来，存在于每一种民主的具体形态当中。"[①] 其实，李慎明院长所说的"共性"，就是我们所说的权力结构的类型问题：①在某类权力结构（如树结构类型）中，由于它的社会功能不具有民主的性能，那么凡采用树结构为权力结构的国家，便是所谓"民主不够的国家"。②在某类权力结构（如果结构类型）中，由于它的社会功能具有民主的性能，那么凡采用果结构为权力结构的国家，便是所谓的"民主的国家"。因在近现代社会中，权力结构只有树结构与果结构这两类，所以近现代社会中的国家几乎也只有"民主不够"与"民主"这两种，这就是现实的社会潮流为什么多与"民主运动"相关联的原因。

为什么以树结构为权力结构的国家"民主不够"，而以果结构为权力结构的国家成为"民主"国家呢？要回答这个问题，笔者至少又要写一本书了（计划稍后写吧），但在这里，笔者需要简单地说一说：首先，不是在任何一个国家中，不是某个权威人士（如处于树根地位的人）说一说"要发扬民主"或"我们现在就开始执行民主条款"等，也不是依靠发红头文件来贯彻执行某些具有"民主"的指令，等等，我们就变为"民主"国家了。如"文化大革命"中，所谓的"大民主"就是这样出笼的。其次，一个国家是民主的，它必须要有通向民主的通道，它也是社会秩序的通道（没有秩序也就没有民主，这就像没有秩序就没有自由一样，没有秩序的"民主"就类似"文化大革命"中的"大民主"）。在树结构中，凡权力相关的两点之间，都不构成一个二元闭合回路，就表明了这类结构缺乏这种"民主通道"。所以，在树结构条件下就自然显得"民主不

---

① 李慎明：《积极构建中国特色社会主义价值体系》，载《中国社会科学院报》2008 年 10 月 23 日。

够"了（因通向民主的通道都没有）。而在果结构中，才存在真正的民主通道。难怪中国社会科学院马克思主义研究院党委书记、著名左派学者侯惠勤指出："我们今天在民主的某些形式上还未能高于西方民主。"① 原来根源就在这里。

中央党校党建部主任王长江在接受《中国新闻周刊》采访时，就记者"不少学者认为，协商民主才是中国式民主，而选举民主是西方的"这一问题回答道："我觉得这是谬论。选举民主是前提，协商民主不是代替选举民主的一种方法，而是对选举民主的一种补充。"② 中共中央原副校长李君如在《人民日报》发文指出："协商民主在中国原始社会末期就出现了，但在中国几千年封建制度里，它却成为维护专制主义的工具。比如，皇帝的廷议制度也是一种协商形式，但它实际上已失去了'民主'即人民当家做主的本意，成为维护皇权统治的工具。"③ 他继续指出："要保证协商民主不变质，首先，协商民主一定要坚持人民当家做主的本质，不能沦为糊弄群众的手段。其次，协商民主的程序一定要公开透明，且要有规章制度做保障。现在很多地方有听证会制度，这是协商民主的一种形式，但有的听证会只找固定的几个人做民意代表，结果做出了老百姓不满意、不赞成的决定。"④

上述这两位教授的观点都是对的。其实，"选举民主"的作用，就是把我们现实状态的树结构中凡"权力相关的两点之间的二元开口系统"变成"二元闭合系统"（当然可以逐步地改变，如笔者建议的由树—果结构过渡等等），这种做法也就是让社会"补上通向民主"的通道。没有"选举民主"，就没有"民主的通道"，也就不可能有"民主的中国"。而俄罗斯总统普京认为："在政改问题上……民主是唯一出路。"⑤ 要把中国推向民主，必须在县一级（科研单位可从院所或院校开始）建立起权力结构为果结构的体制，这在全国的整体结构上乃是树—果结构体制，即试点应从这类半民主体制开始（理由见本书第一章第7点第（6）条中"在斗争策略上"一段）。这种试点（从体制建立

---

① 惠勤：《以真理打破幻想——我们为什么必须批判"普世价值观"》，载《中国社会科学院报》2009 年 11 月 30 日。

② 王长江：《党内民主的核心在于竞争》，载《中国新闻周刊》2013 年第 2 期。

③ 李君如：《协商民主不能沦为糊弄群众的手段》，载《人民日报》2012 年 10 月 12 日。

④ 李君如：《协商民主不能沦为糊弄群众的手段》，载《人民日报》2012 年 10 月 12 日。

⑤ 普京：《俄罗斯 2012 年总统国情咨文发表——普京：民主是惟一出路》，载《文摘周报》2012 年 12 月 25 日（第四版）。

到体制运行）大约要二十年时间，因体制运行起来之后，要让国人在新体制之下形成崭新的"民主意识"，是需要这么长时间的。试点成功之后，再把这种树—果结构体制推向全国，大约又需要二十年。此后，再进行地区一级、省一级乃至中央一级的果结构体制的建立。所不同的是：这些体制的建立及运行，每类体制不需要二十年这么长的时间间隔了。

注意：因我们是建立的社会主义果结构体制，在生产资料方面，也不是现有的国有制、集体所有制等，而是"大众股分制"[1]。笔者这里所讲的树—果结构体制的建立过程中的"选举"貌似当前的村长"海选"，但不是"海选"。因"海选"中村民不是（大众股份制中的）股民，只有村民成为股民、成为土地的主人时，把自身的切身利益融入其中后，才会认真对待选举及其各项监督制度的执行。《半月谈（内部版）》第4期的文章，清楚地证明了：没有对村干部的权力监督，就会产生"村权异化"现象，而（股份制的）董事会就是对村干部权力的最好约束与监督。[2]

这就是我们"东方式民主"的制度安排[3]，也是《环球时报》总编胡锡进希望看到的。他说："我希望的理想状态是基层市场化、民主化、自由化，国家保持高度凝聚力。如果没有前者，社会就会死气沉沉。大家都会不愿意生活在这样的社会。但是，如果没有中央的强有力控制，中国会四分五裂。"[4]这是胡锡进总编对树—果结构体制的理解与赞誉。如果胡锡进总编看到了笔者的书，笔者坚信：他会认为果结构体制比现实的树结构体制具有更加强大的凝聚力（果结构体制坚持了中国共产党的领导，并真正实现了社会主义的各项原则，果结构体制是比树结构体制具有更高能级的有序性及稳定性。建立在果结构体制上的国家比建立在树结构体制上的国家，具有更好的国家的秩序及国家的稳

---

[1]　吴德礼、余国成：《大众股份制：公有制企、事业单位的社会主义本质》，载潘德斌、颜鹏飞、吴德礼、王长江、赵凯荣、陈国荣等：《中国模式：理想形态及改革路径》，广东人民出版社2012年版，第144—155页。

[2]　潭剑：《群众的民主权利如何落到实处》，载《半月谈（内部版）》2012年第4期。

[3]　王长江、罗琦：《社会演变规律、模式之争与"东方式民主"的确立》，载潘德斌、颜鹏飞、吴德礼、王长江、赵凯荣、陈国荣等：《中国模式：理想形态及改革路径》，广东人民出版社2012年版，第131—143页。

[4]　《胡锡进谈"复杂中国"》，载《长江日报》2013年8月13日，《报刊文摘》2013年8月19日。

定性）。

只有这样，我们才能提前完成习近平总书记"实现'两个一百年'奋斗目标"，也是"决定中国命运的关键一招……实现中华民族伟大复兴的关键一招"①。树结构体制，在中国已存在两千多年了，它在近四百年以来，已经远远地落后于果结构体制了。停顿和倒退没有出路，改革开放只有进行时，没有完成时。

在中国近两千多年的体制中，就是没有这种"民主通道"，所以中国才缺乏民主，并致使我们在这两千多年的历史演变中，只看到"革命"及类似"文化大革命"中的"大民主"。在这种体制下，毛泽东主张的"枪杆子里面出政权"的合理性也就在这里。增设"民主通道"，是消除"革命"②及产生类似"文化大革命"中的"大民主"的唯一有效途径。这也是李君如教授"要坚持人民当家做主的本质"的根本保障。而"协商民主才是中国式民主，而选举民主是西方的"等观点，不但错误，就认知水平而言，多少显得有些无知。

（5）周大伟先生希望："我们眼下最需要是加大力度借鉴'人类法治文明'的优秀成果，认真补足国家近百年里遗漏的功课。"在我国现实的树结构条件之下，周大伟先生恐怕只能失望了，因为"人类法治文明"其实是生长在结构之上的，本质上是"结构文明"。如在中国现实的树结构之下，因为结构中任何权力相关的两点之间"权力"都是绝对的，它们之间的"治理"就较广泛而言，只能是从上到下的"管制"；而在果结构为权力结构（即权力为相对"权力"时）的国家中，才可能出现较广泛的"法治"的状态（详细论证见《中国模式：理想形态及改革路径》③）。而"法治"与"管制"的区别可见如下曹林的文章（以下称"曹文"）。

曹文说："'法治'与'管制'是截然不同的。法治是有规则的，这个规则须经过正当的法律程序后确立，而'管制'常常并无规则，而是服从于领导意志；法治的规则是公开透明的，使公民有明确的预期，法无明文规定即可为，

---

① 习近平：《关于〈中共中央关于全面深化改革重大问题的决定〉的说明》，载《中共中央关于全面深化改革重大问题的决定（辅导读本）》，人民出版社 2013 年版，第 63 页。

② 石勇：《给政府权威一个理由》，载《南风窗》2013 年第 3 期。

③ 潘德斌、颜鹏飞、吴德礼、王长江、赵凯荣、陈国荣等：《中国模式：理想形态及改革路径》，广东人民出版社 2012 年版，第 166—179 页。

而'管制'常常无章无法可循，完全凭执法者的好恶；法治是平等的，每个人都置于法律的管辖之下，而'管制'常常有例外者，'管制者'就能够凌驾于法律之上，也常常有区别对待的选择性执法；法治是以公民权利和公共利益为导向的，而'管制'则有许多见不得阳光的私利追求。"[①]

因为树结构的存在是一种社会存在，它决定了人们大面积的思想，人们特别是官员都较普遍地认为，中国只能进行"管制"，而他们实际上执行的也大多是"管制"。树结构体制下的"法制"就是"管制"，只有在果结构体制下才有真正的"法治"。例如，中国社会科学院于建嵘教授与他的"管制"班官员学员听众们对此就有各自不同的理解：于建嵘教授是从理论上去讲"法治"的；但官员们在树结构体制下去实际执行，却只能按官员们在树结构体制的生活中体会的"法治"概念（即"管制"的概念）去执行，这就是他们严重分歧的实质。所以，官员们认为："你（指于建嵘——作者注）反正不做实践活动，道理都对，但生存是基础……有良心没办法，书记管着帽子，市长管着票子，政法委管着案子。"[②]从这里也可看出：要在我国真正进行"法治"建设，也必须先对树结构进行类型转换。只有这样，才有可能做到理论上讲的，与人们在社会生活中体验到的是同一种东西，而这正同笔者的体制改革是相互一致的。

从以上可知：要"借鉴'人类法治文明'的优秀成果，认真补足国家近百年里遗漏的功课"，就要从改革我们现实的树结构类型做起，而笔者正是这样做的，笔者设立的"东方民主制"，就是在中国共产党领导之下的社会主义果结构体制。从县一级开始，一级一级地"补上树结构中通向民主的通道"，使树结构最终变成果结构。

当然，笔者没有照搬"西方式民主"那一套，没有引入"多党制"等。可以说，这种"东方式民主"制完全是笔者的创造：既吸取了西方"三权分立"制度的优点（如相互监督与制约、行政领导比在现实树结构中有更大的自主权，可以更好地集中当地的使用权力等等），找到了民主制国家的"民主等共性"——权力结构为果结构的类型研究等，从而完整地设计了社会主义果结构体制，以及如何在中国共产党的领导下从树结构转换成果结构等；又克服了"三权分立"

---

① 曹林：《别将"法制"误读为"管制"》，载《中国青年报》2012年12月23日。

② 周华蕾：《给官员们讲政治》，载《文摘周报》2010年10月22日。

制度的诸多缺点，如湮灭了中国共产党的领导，等等。但笔者并没有完全绕开西方文明，而是吸收西方文明（当然只能吸收其中好的成分）、改造西方文明，并将会超越西方文明。

这正如著名政治学家、国家行政学院教授竹立家所说："从近现代人类文明社会发展轨迹看，现代化始终是文明发展的'中心议题'。现代'文明价值'取向与'文明制度'构建，牵动着思想家的神经。即使在今天，现代性仍然是一项'未竟之业'，特别是在社会转型期的中国，现代价值与现代制度仍在探索之中，'中国模式'还是一篇'命题作文'，仍需当代有识之士的不懈追寻。"①

竹立家继续深刻指出："关于'权力结构'的研究著作，无疑是目前为止代表学术界对中国社会的'现代性'研究最为深刻的一本，因为它抓住了中国进入现代性社会的最根本症结——权力结构改革。中国从传统社会向现代社会的'结构性改革'，是确立人民群众在权力结构中主体地位的改革，没有人民群众的这种主体地位，中国就很难迈入现代性门槛。仅从这个意义上讲，本著作就值得一读。"②

中共江西省委党校党史党建部副教授王永华博士指出：《中国模式：理想形态及改革路径》"将是一部震撼学术界的大作，作者创造性地提出了权力结构理论，对中国社会问题进行了透彻分析。它是现代中国社会科学发展的可喜成果，其精神、成果和方法令人钦佩赞叹。本书提出了发人深省的问题，且做出了令人信服的回答：现实中国社会的权力结构仍旧采用传统的树结构，唯有对其进行类型转换，才有改革的成功与中华的复兴"。"难能可贵的是，作者虽然借鉴了若干西方理论，但贯穿全书的灵魂唯有辩证唯物主义和历史唯物主义；其权力结构改革，既坚持了四项基本原则，又是'五不搞'。该书体现了作者的博识、睿智及洞见，蕴涵着一个公共知识分子的良知和他对13亿中国人深刻的人文关怀。凡是对中国关心的人，相信都能从本书中获得很大启迪。"③

---

① 周华蕾：《给官员们讲政治》，载《文摘周报》2010年10月22日。

② 潘德斌、颜鹏飞、吴德礼、王长江、赵凯荣、陈国荣等：《中国模式：理想形态及改革路径》，广东人民出版社2012年版，"专家推荐"第2页。

③ 潘德斌、颜鹏飞、吴德礼、王长江、赵凯荣、陈国荣等：《中国模式：理想形态及改革路径》，广东人民出版社2012年版，"专家推荐"第2页。

著名现代化问题研究专家、南京大学教授刘金源指出："现代化是一个政治、经济与社会整体变迁的过程，当前中国已成为世界第二大经济体，但这并不能掩盖其在政治、社会等方面的矛盾与危机。现代化各要素的不平衡发展容易导致现代化的挫折，而当下中国的政治体制改革已势在必行。如何推行切实有效的政治体制改革？"他继续指出：《中国模式：理想形态及改革路径》一书"在系统提出权力结构论的基础上，提出改革的关键在于实现权力结构的类型转换，即在坚持社会主义的前提下，从传统的树结构转向树—果结构，最终转换为果结构。本书现实意义强烈，问题意识深刻，理论阐释新颖，堪称为我国政治现代化献策的一部力作"[①]。

上海社会科学院马列所博士门小军发现："中国社会科学领域的理论阐释框架通常都来自西方，且少见深刻消化和吸收，更不用说创获。"而《中国模式：理想形态与改革路径》一书"从西方系统论、控制论和信息论出发，提出四大权力结构理论阐释框架，对当下中国所面临的各种问题、现象及其文化原因的解释极富说服力，且解释框架整齐划一，此种创获性的理论努力在国内学界极为难得。该书对中国模式理想形态及实现路径的描画，立足于中国历史和现实，目标则指向中国未来，既有对具体问题的深刻剖析，又有明晰的价值判断，问题意识和方向意识兼具，对于改进和完善国家制度来说作用非常重要"[②]。

著名政治学家、武汉大学政治与公共管理学院教授虞崇胜认为："中国传统和现实社会的权力结构是一脉相承的，我将其称为'有分权的集权制'（即有横向和纵向的分权，但分权的目的不是为了制衡，而是为了集权）。这种权力结构既牢固又奇特，既有适度的弹性又有必要的张力，是中华文明延绵不衰而又缺乏自我更新能力的制度根源。大作具体分析了中国传统社会和现实中国权力结构的基本特征，特别针对当下中国发展中的种种制度和结构困惑，反思了中国过去的发展思路和对策，其学术指向、问题意识和现实关照十分明确，为打破'有分权的集权制'和跳出'中等收入陷阱'等提供了有价值的参考，

[①] 潘德斌、颜鹏飞、吴德礼、王长江、赵凯荣、陈国荣等：《中国模式：理想形态及改革路径》，广东人民出版社 2012 年版，"专家推荐"第 7 页。

[②] 潘德斌、颜鹏飞、吴德礼、王长江、赵凯荣、陈国荣等：《中国模式：理想形态及改革路径》，广东人民出版社 2012 年版，"专家推荐"第 2 页。

拳拳之心可见天日，值得充分肯定和大力推荐。"①

著名系统科学专家、北京大学工学院教授佘振苏认为："人是复杂系统，由人所组成的社会更是开放的复杂巨系统。权力结构是社会复杂系统的核心课题，对人类文明演化具有重要的意义。"②《中国模式：理想形态及改革路径》一书的"作者们所开展的大胆和深入的探索是难能可贵的，值得鼓励和支持"③。

著名社会学家、上海大学教授邓伟志指出："研究权力结构是抓住了当今社会的要害。权力再大也莫过于总统吧！请看德国总统，他之所以下台，原因之一是：买住房时贷款利率偏低。哎哟喂！总统怎么还需要自己买住房呢？机关局没尽责任，应予处分。还有，买就买吧！怎么总统还要贷款？这说明什么？这说明权力结构值得研究。"④

著名价值科学权威、上海师范大学知识与价值科学所所长何云峰教授说："当泱泱大国从世界鼎盛慢慢跌入受尽屈辱之境的时候，她为什么如此落后？当改革开放30多年后，她从弱国变成经济大国但腐败越来越严重、分配越来越不公、诚信越发缺失的时候，这个国家为什么会在经济腾飞中却乱象丛生？如何解决这样的社会乱象问题？本书提出的权力结构理论，颇感虽是独家之言，但观点新颖、深刻，对启发思考，裨益不可忽视。我们相信：中国人一定能有足够的智慧解决自己所面临的任何问题。"⑤

著名文学现实评论家、深圳大学文学院教授王晓华指出："在秦以后的两千多年间，中国在乱与治之间不断地循环，而当下中国也深陷腐败造就的困境。如何走出这一循环和困境是中国知识界最为关心的问题：以打补丁的方式进行改革，还是致力于深层结构（即权力结构）的转型？为了解答这个疑惑，本书作者提出

① 潘德斌、颜鹏飞、吴德礼、王长江、赵凯荣、陈国荣等：《中国模式：理想形态及改革路径》，广东人民出版社2012年版，"专家推荐"第5页。

② 潘德斌、颜鹏飞、吴德礼、王长江、赵凯荣、陈国荣等：《中国模式：理想形态及改革路径》，广东人民出版社2012年版，"专家推荐"第2页。

③ 潘德斌、颜鹏飞、吴德礼、王长江、赵凯荣、陈国荣等：《中国模式：理想形态及改革路径》，广东人民出版社2012年版，"专家推荐"第2页。

④ 潘德斌、颜鹏飞、吴德礼、王长江、赵凯荣、陈国荣等：《中国模式：理想形态及改革路径》，广东人民出版社2012年版，"专家推荐"第7页。

⑤ 潘德斌、颜鹏飞、吴德礼、王长江、赵凯荣、陈国荣等：《中国模式：理想形态及改革路径》，广东人民出版社2012年版，"专家推荐"第3页。

了完整的权力结构理论，创造性地探寻谜底，推动我们眺望崭新的地平线。"①

著名财经专家、天津财经大学经济学院教授李炜光认为："美国宪法之父汉密尔顿曾于1787年提出了一个耐人寻味的命题：'人类社会是否真正能够通过深思熟虑和自由选择来建立一个良好的政府，还是他们永远注定要靠机遇和强力来决定他们的指正组织？'当今的中国也正面临着同样的问题。在经历了三十多年的改革开放和经济快速增长后，因政治体制改革的滞后而引发的社会问题正在凸显出来，有关权力配置和权力制约的问题已经成为中国学界面临的'真问题'。用经济学的术语说，是正确寻找相关的约束条件和把对实例的研究上升到一般化层次的过程了。读过本书，感觉到作者正在做这样的事，作者提出了完整的权力结构理论的研究很有价值。我以为，所谓中国模式，就是在这种'深思熟虑'的理论和实践的探索中逐渐形成的。"②

著名世界史学家、中国社会科学院世界历史所教授马龙闪先生指出：《中国模式：理想形态及改革路径》一书"从系统论、控制论和信息论出发，概括了世界上存在的四大权力结构，并以此理论具体分析了中国传统的权力结构和中国模式的权力结构特征，提出了有关中国改革的独特视角。作者观点新颖独到，具有一定创新性，应该在有关中国改革的理论中占有一席之地，作为学术界研究中国改革路向和措施的一种有价值的参考"③。

机电工程专家、山东科技大学教授樊明晖认为："本书流露出学者们忧国忧民的情怀与思想，我十分赞赏。纵观古今中外历史，无论何种社会，都不取决于它强大与否，而是看这个社会是'敬畏民众'，还是'敬畏权贵'。当它'敬畏权贵'的时候，这个社会就不和谐，就痛苦，就焦虑，就涣散，就丧失了灵魂，尽管它GDP占世界第一也无用，如清朝后期就是这样。"④

---

① 潘德斌、颜鹏飞、吴德礼、王长江、赵凯荣、陈国荣等：《中国模式：理想形态及改革路径》，广东人民出版社2012年版，"专家推荐"第1页。

② 潘德斌、颜鹏飞、吴德礼、王长江、赵凯荣、陈国荣等：《中国模式：理想形态及改革路径》，广东人民出版社2012年版，"专家推荐"第6页。

③ 潘德斌、颜鹏飞、吴德礼、王长江、赵凯荣、陈国荣等：《中国模式：理想形态及改革路径》，广东人民出版社2012年版，"专家推荐"第6页。

④ 潘德斌、颜鹏飞、吴德礼、王长江、赵凯荣、陈国荣等：《中国模式：理想形态及改革路径》，广东人民出版社2012年版，"专家推荐"第4页。

他继续指出："我们不希望'敬畏民众'理念的贯彻只靠个人魅力（即人治）起作用。我们希望将'敬畏民众'的理念通过制度的方式建立起来，让社会永远不会因为个人错误而偏离正确航道。本书建议建立的'社会主义果结构'社会，就是这样的社会。在这种社会中，才能真正消除老百姓'端起碗吃肉，放下筷子骂娘'的现象。我们任重道远啊！"①

教育部退休司长、中国人民大学教授奚广庆先生评议说："当今中国成为国际学术研究热点。围绕着中国发展的成功和问题正开展激烈讨论争论，只是中国人至今没有拿出一套系统的令人信服的符合历史逻辑的学术解读。新加坡大学郑永年教授评论说，中国没有自己的思想体系、意识形态。必须承认马克思的理论、西方的学术体系和中国传统文化都没有给出答案，我们需要继承这些成果、创造现代世界的中国社会科学体系，这是中国学人庄严而艰巨的使命。近年来，潘德斌教授联络一批有志于此的学人，开展学术研究创新，大胆提出崭新的'权力结构论'，发表诸多文论，尤其是最近完成的本书，对中国发展的根本难题进行深度的解剖分析探讨，是现代中国社会科学发展的可喜成果，其精神、成果和方法令人钦佩赞叹。"②

著名教育专家、中国人民大学教授、什刹海书院副院长程方平说："改革开放 30 年，中国在向西方学习的过程中学到的最重要的思想和意识就是，知道尊重本土的传统和特点，知道用好的方法对应本土的情况。日本和韩国之所以能作为东方和亚洲的成功典范，其根本原因也在于善于将先进的理论进行本土化改造。本书的探索有着丰富的现代化发展的本土判断和构想，是中国未来改革与发展的可贵借鉴。若能在改革试验中再加以实践检验，'中国模式'对世界的贡献将会有新的超越，也会使中国人在未来的发展中更好地找到自我，树立自知、自信、自觉、自强的信念。"③

天津市委党校廉政理论中心特邀研究员倪明胜认为："在这样一个公共理

---

① 潘德斌、颜鹏飞、吴德礼、王长江、赵凯荣、陈国荣等：《中国模式：理想形态及改革路径》，广东人民出版社 2012 年版，"专家推荐"第 4 页。

② 潘德斌、颜鹏飞、吴德礼、王长江、赵凯荣、陈国荣等：《中国模式：理想形态及改革路径》，广东人民出版社 2012 年版，"专家推荐"第 4 页。

③ 潘德斌、颜鹏飞、吴德礼、王长江、赵凯荣、陈国荣等：《中国模式：理想形态及改革路径》，广东人民出版社 2012 年版，"专家推荐"第 5 页。

性缺失、众声喧哗的时代，我们能够品读到这样一部视角新颖、意蕴深厚的现实巨作，着实是我们的幸运，更是这个变革时代的幸运。只要我们走进结构改革这一步，我们就能看到希望，我们的民族和国家就会有未来！"①

广东外语外贸大学思想政治学院院长宋善文教授评议时指出："以学者的良知为民族复兴、社会和谐，为探索社会主义建设规律、人类社会发展规律，为哲学社会科学繁荣做出更大贡献。"②

中国现代化文化研究会副会长、秘书长、中国社会科学院近代史所研究员马勇说："怎样认识中国社会？按过去几十年的标准说法：从秦汉至清末是封建专制主义，而1949年之后是社会主义。"《中国模式：理想形态及改革路径》"发现：我国现实社会采用的权力结构与中国封建社会同类——都是树结构类，这决定了他们的社会运行、控制（含轨道与方式）、秩序及稳定性（能级）等等都基本相同。并证明了：我国现实社会主要问题（如腐败、市场经济不能良好运行、诚信缺失等等）产生的根源是树结构的存在。中国复兴的根本之处在于权力结构的类型转换：从树结构类转换成果结构类。不论其结论是否能够获得知识界普遍认同，其不人云亦云的探索精神就很值得尊敬。"③

中国政治学会副会长、华中师范大学教授徐勇对《中国模式：理想形态及改革路径》一书做出了高度概括，他说：这是"一部有独特视角的著作；一部有理想情怀的著作；一部有思想深度的著作；一部有深刻启示的著作"④。

中国宪法学会副会长、华东政法大学教授童之伟说："大作拜读了，很受教益。本书从权力结构的视角对中国政治问题进行了很有价值的探索。不过，我不接受显然倾向于自满自足、评功摆好的'中国模式'这个提法，它严重妨

---

① 潘德斌、颜鹏飞、吴德礼、王长江、赵凯荣、陈国荣等：《中国模式：理想形态及改革路径》，广东人民出版社2012年版，"专家推荐"第5页。

② 潘德斌、颜鹏飞、吴德礼、王长江、赵凯荣、陈国荣等：《中国模式：理想形态及改革路径》，广东人民出版社2012年版，"专家推荐"第7页。

③ 潘德斌、颜鹏飞、吴德礼、王长江、赵凯荣、陈国荣等：《中国模式：理想形态及改革路径》，广东人民出版社2012年版，封三。

④ 潘德斌、颜鹏飞、吴德礼、王长江、赵凯荣、陈国荣等：《中国模式：理想形态及改革路径》，广东人民出版社2012年版，"专家推荐"第7页。

碍我们正视中国改革开放 30 多年来的失败方面和需要痛下决心改革的种种体制弊端。"[①] 童之伟教授希望该书能引起人们的争论。

北京大学儒学院院长、教授汤一介老先生指出："大作是作者多年用心血写作的精品，特此推荐。"他老人家特别希望："此书出版会引起学界讨论，这是好事，学术就是在不断讨论中有所前进。"[②]

中国科学院院士、华中科技大学教授杨叔子指出：《中国模式：理想形态及改革路径》"是作者结合我国实际情况，运用有关现代理论，花费多年心血而写成的一本精品，富有作者创造性的见解。无疑，也会引起争论。但为了中华民族伟大复兴的共同事业，这种学术争论大有好处"。

我们也盼望着人们争论，因真理是不怕争论的，而争论将使理论更加完善。

中共中央党校国际战略研究所副所长、教授周天勇认为："改革开放以来的中国模式，使欧美 200 年、日本 70 年完成的工业化，我们只用了 30 年。因此，需要总结，值得总结。更重要的是，需要前瞻，需要把握前行的方向，使我们的国家在未来的 10 年中完成工业化，在本世纪中叶时，成为一个中等发达的现代国家，实现中华民族的伟大复兴。"[③]

上海交通大学文化管理系教授单世联指出：《中国模式：理想形态及改革路径》"提出的若干概念或可争议，但其整体性变革的思路，显然不容怀疑。近年来，中国向何处去的问题，实际上是各种议论的焦点，但言者谆谆，听者藐藐。书生草民处江湖之远而报国心切，但其各种美意良法，似并未得到庙堂的认真回应。当投机分子、痞子学者随风起舞，既唱且打时，真正的问题不是中国没有思想，而是如何使这些思想成为社会的财富。"[④]

全国人大代表、湖北省政协副主席、湖北省经济学院院长、教授吕忠梅认为：

---

① 潘德斌、颜鹏飞、吴德礼、王长江、赵凯荣、陈国荣等：《中国模式：理想形态及改革路径》，广东人民出版社 2012 年版，"专家推荐"第 6 页。

② 潘德斌、颜鹏飞、吴德礼、王长江、赵凯荣、陈国荣等：《中国模式：理想形态及改革路径》，广东人民出版社 2012 年版，封底。

③ 潘德斌、颜鹏飞、吴德礼、王长江、赵凯荣、陈国荣等：《中国模式：理想形态及改革路径》，广东人民出版社 2012 年版，"专家推荐"第 8 页。

④ 潘德斌、颜鹏飞、吴德礼、王长江、赵凯荣、陈国荣等：《中国模式：理想形态及改革路径》，广东人民出版社 2012 年版，"专家推荐"第 3 页。

"今天的中国的确面临着许多问题，在许多人还满足于'人民的问题用人民币解决'的思维时，理性的学者不仅洞察到了问题背后，而且潜心探究问题产生的根源、诠释问题发生的过程，深受启发。从中国的问题出发寻找解决中国问题方案的研究，既是方法的创新，更是思维的转型。以法律人的视角，理性的制度安排是'根'，合理的政权结构是'树'，良好的法治状态是'果'。期待有更多的学者参与这样一个宏大命题的研究，以'东方智慧'构建真正的'中国模式'。"①

政治学家与科社专家、中国人民大学荣誉一级教授、1981年（首批）博导高放指出：《中国模式：理想形态及改革路径》"从系统论、控制论、信息论原理，探讨如何通过改革来全面形成中国特色的社会主义模式，视野宽阔、深邃，很有新意，很值得认真细读"②。

著名经济学家、天则经济研究所创始人茅于轼说："权力的树状结构是中国许多毛病（如腐败、垄断、人治社会、官本位意识的存在，等等）的根源。这个观点有很强的解释力，值得大家关注。它也指出了我们在行政体制的改革的一条可实施的道路。所以它不仅仅有理论意义也具有实践意义。"③

上海师范大学历史系教授萧功秦指出："以自然科学家的学理资源，来探索近代以来中国社会的整体结构（即权力结构）在走向现代化过程中的困境、矛盾与症结，用树结构与果结构的理论视角，来考察中国落后关键原因，深入浅出且意味深长，中国的问题需要大家来思考，只有充分调动民间的智慧与思想资源，才有可能迎来中国思想文化的真正的百花齐放的春天。"④

畅销书《为什么我们越来越穷》的作者文啸对《中国模式：理想形态及改革路径》评价说："权力决定社会地位，权力决定财富分配，权力决定人生命运，可谓是我们这个时代最典型的'中国特色'，如何打破这一

---

① 潘德斌、颜鹏飞、吴德礼、王长江、赵凯荣、陈国荣等：《中国模式：理想形态及改革路径》，广东人民出版社2012年版，"专家推荐"第8页。

② 潘德斌、颜鹏飞、吴德礼、王长江、赵凯荣、陈国荣等：《中国模式：理想形态及改革路径》，广东人民出版社2012年版，封底。

③ 潘德斌、颜鹏飞、吴德礼、王长江、赵凯荣、陈国荣等：《中国模式：理想形态及改革路径》，广东人民出版社2012年版，封底。

④ 潘德斌、颜鹏飞、吴德礼、王长江、赵凯荣、陈国荣等：《中国模式：理想形态及改革路径》，广东人民出版社2012年版，封底。

模式，将政府权力束缚在一个合适的'笼子'里，本书给出了极有价值的探讨和思考。"[①]

加上本书前面已经提到的朱文通、胡星斗、王志伟、张盼玉、周瑞金、伍新木等，一共有34位教授对《中国模式：理想形态及改革路径》一书做了推荐，此外还有楚渔及邹东涛先生所做的两个序言。

最后，值得一提的是，周大伟先生的研究精神还是值得尊敬的，而不像国内有一批所谓的"学者"信奉的那样凡"吃不到的葡萄都是酸的"。把自己不懂的、不理解的东西，不去争取懂得或理解而干脆就把它否定掉，其目的是为了保全自己可怜的权威及"势位"。而要这样做，在中国很容易办到，只要说"它"是西方的而非中国的就行了。但我们需要借鉴的是"人类法治文明"，是应该包括西方在内的文明成果。若要按这批"学者"的看法，我们就只能死抱着树结构，这个两千多年以来的传统结构不变了。这是一个悲哀的结果，是我们不愿看到的结果，这在《中国模式：理想形态及改革路径》一书中已有证明。

2．调节特权收入

调节收入分配，目前最根本的是要调节特权收入，但是如何调节呢？《收入分配体制改革总体方案》于2004年开始起草，在2010年初和2011年12月曾两次上报国务院，但均未获通过。2012年，这一方案最初定于6月底出台，但数度推迟，最新的消息是，可能要到2013年3月"两会"后才会公布。

从很多有关"收入分配"的文章中，笔者看到了一点，即人们对怎样才能公平"收入分配"有争议，而这些争议之大多数，都要在"结构改革"（即政治体制改革）之后，才会迎刃而解。没有结构改革，就永远也解决不了这些问题。例如[②]：

（1）"垄断企业"的争议。如人保部正在制定的收入分配改革法规《工

---

① 潘德斌、颜鹏飞、吴德礼、王长江、赵凯荣、陈国荣等：《中国模式：理想形态及改革路径》，广东人民出版社2012年版，封底。

② 冯禹丁、张宴慧、杨敏、徐浩程：《收入分配改革方案为何难产》，载《文摘周报》2013年1月11日。

资条例》中，就没有使用"垄断行业"概念，而采用了"收入过高行业"、"特殊行业"概念，原因是如何界定垄断行业仍存在一定争议。但"收入过高行业"或"特殊行业"等，却是较为模糊的一些概念，甚至没有"垄断行业"的含义。

（2）"打不垮"的双轨制。如对于多数发达国家已征收一百多年的、可消除"阶层凝固"的遗产税和赠与税，虽然是国际通行的二次分配手段，但在中国却阻力重重。一位专家透露，对这两个税种推出的最主要顾虑是怕引起大规模的资产向海外转移。又如，城镇居民中，企业人员退休前要缴纳养老保险，公务员则不用缴费。但退休后，企业人员普遍只有退休前工资60%左右的退休金，公务员却能达到90%左右。在有的城市，公务员退休金甚至是企业人员的4倍多。

（3）艰难寻求共识。客观地说，收入分配改革受阻，并不完全因为既得利益的阻挠，另一个重要因素是从上到下各方面难以达成共识。如在劳动者报酬问题上，"有人说，国企高管的工资不能降，要不然人才跑到华尔街去了；劳动密集型企业的工资不能涨，要不然制造业跑到越南、缅甸去了"，时任国务院体改办秘书长的宋晓梧如是说。在收入差距过大是改革造成的还是改革不彻底造成的这一问题上，也存在两套解释体系。中国社会科学院原副院长刘国光就主张："是站在财富、资本的立场，还是站在劳动的立场，用了阶级分析方法，就会看得一清二楚。"而在宋晓梧看来，按这种观点推导下来，解决收入分配问题的根本途径就是再次国有化，"现在不光老人，一批年轻人也有这种看法，是很危险的"。

几乎在有关收入分配的每一个问题上都充满了争论，这个缺乏共识的现实，注定了收入分配改革将依然困难重重。

北京大学廉政中心主任毛寿龙指出："如果收入是分配的，就是可以调节的，要调节的是特权收入，而不是所谓的过高收入。如果收入是赚来的，就不是可以调节的，如果要调节收入，那就是消灭收入。"[①]

评论：收入分配改革方案出台的困难，又一次说明了"权力结构论"的重要性。再次表明：没有这一"理论"，就不能消除有关收入分配问题上的主要分歧以达成基本共识，最终取得改革的胜利。事实上，由"权力结构论"可知：

---

① 毛寿龙：载网易微博，2013年2月8日。

我们的社会中，存在着一个基本矛盾，那就是由树结构决定的层级矛盾①（即"民与官"矛盾）。而消除这一矛盾的根本途径，就是对树结构进行类型转换，最终建立起社会主义果结构体制来。

所谓"特权"，"就是政治上经济上在法律和制度之外的权利"②。从世界角度来看，它就主要是由树结构体制所赋予的"权力"。这种权力就是笔者在本书第一章中所说的"绝对权力"，它是可以高于法律、高于制度而被"掌权者"悄悄采用的"权力"，最典型的例子如中国的"文化大革命"时期。而所谓"特权收入"，就是"掌权者"利用手中的这种权力来获取的一种见不得阳光的经济利益（如经济学家所称的"寻租"）。目前在中国的收入分配中，最主要的矛盾就是有特权收入与无特权收入之间的矛盾。毛寿龙教授提出的"特权收入"这一概念是非常重要的，他的上述观点只要改一改也对：最根本的是要调节特权收入，但作为社会主义初级阶段，最高收入也要适当限高。

（1）首先，"垄断企业"，除了经济学上的一般意义之外，在中国，当前主要是看它是否存在种种"特权"以及由这些特权产生的"特权收入"。这种特权的含义是广泛的，如现行的各种"准入制度"，都要逐步地视为一种"特权"。其次，对于这些企业（可以暂时不称为"垄断企业"）的"过高收入"，当前应有"限高"准则。当然，要消除这类特权以及特权收入，我们必须对树结构进行类型转换（即结构改革）。

（2）"对这两个税种推出的最主要顾虑是怕引起大规模的资产向海外转移"，其实，"资产向海外转移"的人们，他们的主要心理是：感到我国还不是一个"法治"国家，他们生活在这样的国家中有许多的担心，如这样下去，总免不了会走向"打土豪"、"分田地"的这一天，这才是"富人"们普遍担心的。如曾任联想控股总裁和联想集团董事局主席的柳传志，"最近以罕见的坦率和直白，剖析了包括他自己在内的中国企业家阶层的性格与心理。他坦承，一旦改革开放政策出现动摇，他们就会对前景感到困惑、无奈和恐惧——用柳

① 潘德斌、颜鹏飞、吴德礼、王长江、赵凯荣、陈国荣等：《中国模式：理想形态及改革路径》，广东人民出版社2012年版，第61—64页。

② 邓小平：《党和国家领导制度的改革》，载《邓小平文选》（第二卷），人民出版社1994年版，第332页。

传志的话说：除了害怕，我们没有别的办法"（下文对此有详细分析）。但只有通过对树结构进行类型转换（即结构改革），从而建立起法治社会来，才会从根本上消除"富人"们的担心，从而从根本上（即大面积地）消除"资产向海外转移"的"顾虑"。

至于城镇中企业人员与公务员退休金实行"'打不垮'的双轨制"的问题，那是在树结构体制下（不得不执行）的政策，在果结构体制下，只要在树——果结构体制下，企业除了纳税等，像工资、退休金这些东西，与国家没有关系（当然，国家从宏观上还需控制企业种类及工资、退休金的上限及下限）。那时候，企业人员的工资及退休金都是企业的事，国家只管公务员的工资及退休金。也只有在此时，这"双轨制"才能真正终结。

（3）学管理、懂管理（包括金融管理）的人，其水平差异一般不会有天壤之别。中国政策开放，有进有出，不愿意为大多数人服务、一心只有"钱"的，毕竟是少数。像这样的人，愿去华尔街的，尽量让他去好了，但社会主义初级阶段"工薪限高"的政策，不能因为挽留几个人而改变，以至于"劳动密集型企业的工资不能涨，要不然制造业跑到越南、缅甸去了"。这倒是可以考虑不涨、部分涨或微涨，因势而定。

至于"收入差距过大是改革造成的还是改革不彻底造成的"这一问题，答案很明显，"是改革不彻底造成的"，其中，最大的不彻底就是三十多年以来我们对结构改革（即政治体制改革）还未开始。我们现在仍旧是在树结构决定的运行、控制轨道上运转，在由树结构决定的旧的秩序上运行，我们维护的也是由树结构决定的旧的稳定性。这正如温家宝所指出的那样："随着经济的发展，又产生了分配不公、诚信缺失、贪污腐败等问题。我深知解决这些问题，不仅要进行经济体制改革，而且要进行政治体制改革，特别是党和国家领导制度的改革。"[①] 所以，我们可以认为：这分配不公的根源"是改革不彻底造成的"。目前，最需要的是调节特权收入，而这并不需要大声疾呼，而只要进行树结构的类型转换就行了。

目前，我们需要用权力结构论来改造存在的"政府太强、社会太弱、市场

[①]　温家宝：《在十一届全国人大五次会汉上答中外记者问》，载中国网，2012年3月14日。

扭曲的弊端"①，等等。

3．"柳传志"们为什么害怕？靠法治行吗？怎样从本质上解决这个问题？

曾任联想控股总裁和联想集团董事局主席的柳传志，"最近以罕见的坦率和直白，剖析了包括他自己在内的中国企业家阶层的性格与心理。他坦承，一旦改革开放政策出现动摇，他们就会对前景感到困惑、无奈和恐惧——用柳传志的话说：除了害怕，我们没有别的办法。他大声疾呼'法律面前人人平等'，希望'高层领导能够把政治改革、社会改革、经济改革结合到一起'。在中共十八大召开之前，这是中国企业家发出的最明确的支持法治和改革开放政策的声音"②。

"30多年来，中国的经济成就的确令世人瞩目，但经济快速增长过程中也有很多隐患，比如居民收入分配失衡、地区经济差距不平衡、环境恶化严重等诸多问题。如何面对和解决这些问题，可谓众说纷纭，这使得中国社会陷入了前所未有的焦虑情绪之中。柳传志的担忧和呼吁，反映出这种焦虑情绪已经开始影响到企业家阶层的抉择。"③

如何解决这一问题呢？傅蔚冈指出："必须有一些基本的共识，而法治是重要的共识。法治不彰，就会严重影响人们对未来的合理预期，人和组织的行为会变得极为短视。'理性'的选择就是尽可能地将未来利益折现：先富起来的阶层移民海外；产业界大佬醉心于金融投资；官员将家属移走他乡……尽管我们说移民和投资都是个人选择，但是一旦富有阶层普遍倾向移民，资本从制造业蜂拥转向金融业，就成了整个社会的行为短期化的表征。这将使社会合作难以为继。"④

"与30多年前相比，改革的目标、动力和路径，都到了需要重新思考的

①　潘德斌、颜鹏飞、吴德礼、王长江、赵凯荣、陈国荣等：《中国模式：理想形态及改革路径》，广东人民出版社2012年版，封底。

②　傅蔚冈：《唯靠法治，柳传志们才不会害怕》，载《新民周刊》2012年第41期。

③　傅蔚冈：《唯靠法治，柳传志们才不会害怕》，载《新民周刊》2012年第41期。

④　傅蔚冈：《唯靠法治，柳传志们才不会害怕》，载《新民周刊》2012年第41期。

关键时刻。对中国这样的大国而言，世上没有现成的道路，往前走的唯一凭靠就是法治。唯其如此，柳传志所说的'法律面前人人平等'，已经变得前所未有的重要。"①

评论：首先，文章反映的方向基本上是对的，它大致反映了我国最有理想、有思想的一大批企业家现实的"担忧和呼吁"。其次，由于傅蔚冈先生对社会系统、它的整体结构及分类等没有概念（即没有权力结构理论），没有把问题深入下去，只停留在"表皮"——"法治"层面之上，所以他说的"问题的解决办法"存在如下问题：

（1）问题的解决方法，不是他说的"法治"就行了的，因傅傅蔚冈先生所说的"法治"，就是希望在我国树结构不变的基础上建立起一个法治社会。但笔者已证明了，在我国现行权力结构为树结构的状况下，根本就不能建立起一个法治社会来。②"法治"是现象，权力结构才是本质。没有"法治"功能的树结构，只能出现"法治乏力"的社会现象。在中国现实社会中，在没有权力结构的类型转换之前，"法治"是靠不住的，它的实质其实是"管制"（见本章第6点第（5）条）。③

（2）在宪法公布实施三十周年大会上，习近平总书记指出："宪法的生命在于实施，宪法的权威也在于实施。"④那么，怎样才能使宪法充分实施，充分体现其权威呢？笔者的研究已经得出：只有权力结构为果结构的社会主义体制，而非权力结构为树结构之下的社会主义体制。⑤于是，首先要解决的问题是：对树结构进行类型转换（即结构改革，也即人们常说的政治体制改革），从树结构转换成树—果结构，最终建立起社会主义的果结构体制来。只有在社会主义果结构体制之下，才真正具有在"法律面前人人平等"的可能性，也才

---

① 傅蔚冈：《唯靠法治，柳传志们才不会害怕》，载《新民周刊》2012 年第 41 期。

② 潘德斌、颜鹏飞、吴德礼、王长江、赵凯荣、陈国荣等：《中国模式：理想形态及改革路径》，广东人民出版社 2012 年版，第 166—179 页。

③ 曹林：《别将"法制"误读为"管制"》，载《中国青年报》2012 年 12 月 23 日。

④ 习近平：《宪法的生命在于实施，宪法的权威也在于实施》，载《重庆晨报》2012 年 12 月 5 日。

⑤ 潘德斌、颜鹏飞、吴德礼、王长江、赵凯荣、陈国荣等：《中国模式：理想形态及改革路径》，广东人民出版社 2012 年版。

能使"柳传志"们真正放心。

（3）文章也没有摸透柳传志的思想，"柳传志"们除了要求在"法律面前人人平等"之外，更"希望宪法及法律在于实施"。那么，怎样才能使宪法及法律充分实施、充分体现其权威呢？笔者的研究已经得出：只有权力结构为果结构的社会主义体制，而非权力结构为树结构之下的社会主义体制也。[1]

希望"高层领导能够把政治改革、社会改革、经济改革结合到一起"，即柳传志深刻地意识到：必须要有政治体制的改革（即我们说的"结构改革"），才能最终保障中国企业家的利益。而像现在这种树结构体制之下，由领导人说了算的体制，到时候"一旦改革开放政策出现动摇"（如仅仅因为领导人不这样讲了麻烦就大了），"柳传志"们"就会对前景感到困惑、无奈和恐惧——用柳传志的话说：除了害怕，我们没有别的办法"。只有结构改革，才是企业家们最需要的真正唯一的选择。这正如温家宝所指出的那样："随着经济的发展，又产生了分配不公、诚信缺失、贪污腐败等问题。我深知解决这些问题，不仅要进行经济体制改革，而且要进行政治体制改革，特别是党和国家领导制度的改革。"[2]

4．解决我国社会生活中"两种社会想象系统"间分裂的根本途径

面对"强者与弱者"构成的故事，《中国新闻月刊》近期刊登了武志红的文章说："英国心理学家莱因认为，所谓社会想象系统，即一个社会中多数人共同想象出来的心理系统。"[3]他指出："当下的中国，出现了官方版本和民间版本两个版本的社会想象系统。两个版本的分裂是实实在在的。广州一女商贩被城管掐脖子，她的孩子在旁边大哭，这一幕被拍摄下来放在网络上，而网络上的发声，即一致地认为，城管不当地攻击了女商贩，这是民间版本想象系统的表达。可是等进一步的照片和视频公布后，可以看到，这位女商贩先攻击

① 潘德斌、颜鹏飞、吴德礼、王长江、赵凯荣、陈国荣等：《中国模式：理想形态及改革路径》，广东人民出版社2012年版。

② 温家宝：《在十一届全国人大五次会议上答中外记者问》，载中国网，2012年3月14日。

③ 武志红：《如何看待两种社会想象系统》，载《中国新闻月刊》2013年第14期。

了城管，而那个掐她脖子的城管，当时处于情绪失控中。"①

"另一故事是在长沙（此事地址不对，应是长沙姑娘而事发在武汉——引者注）。一学雷锋的'汪姑娘'为了帮一位受伤的老太太回家，三次拦截警车。也是照片显示她被警察殴打并铐住，这同样在网上引起了对警察压倒性的批评。这也是民间版社会想象系统在发声。但更详细的报道显示，这位姑娘的心理明显有些问题。"

"这两个故事显示，民众感觉到在权力系统前越来越被非人化对待，于是，他们也将权力系统所围裹着的一切进行妖魔化处理，一遇到'强者与弱者'参与的故事，它会一边倒地将"强者"描述成恶魔，而容易忽视事实真相。"②

"民间版社会想象系统的过于发达，是因为官方版失去了公信力。但面对正在生成的当下版民间社会想象系统，我们要保持清醒。它特别得民心，所以，它有强大的吸引力，吸引我们一同去编织这个想象系统。因此，我们需要独立而冷静的思想者——需要觉知自己的心，以人性化的视角看待一切，而不是去加强其中的分裂性，殊为重要。"③

评论：由《中国模式：理想形态及改革路径》④一书可以知道：由于先进的社会主义制度却建立在最传统的树结构体制之上，于是由社会主义属性内容决定的好好的事项，往往被扭曲或异化了（见本书第一章第8点）。也由于此，我国现实社会与中国封建社会同构而保持了一系列"权本社会"⑤的特征，如官本位等。又如"'汪姑娘'为了帮一位受伤的老太太回家，三次拦截警车"的行为显然与我们社会中"敬畏权力"的观念是极不相容的，她"心理明显有些问题"也就可以理解了。联想到解放初期进城的解放军战士"打不还手、骂不还口"，那个"掐她脖子的城管"，当时就没有理由"处于情绪失控中"。

---

① 武志红：《如何看待两种社会想象系统》，载《中国新闻月刊》2013年第14期。

② 武志红：《如何看待两种社会想象系统》，载《中国新闻月刊》2013年第14期。

③ 武志红：《如何看待两种社会想象系统》，载《中国新闻月刊》2013年第14期。

④ 潘德斌、颜鹏飞、吴德礼、王长江、赵凯荣、陈国荣等：《中国模式：理想形态及改革路径》，广东人民出版社2012年版。

⑤ 潘德斌、颜鹏飞、吴德礼、王长江、赵凯荣、陈国荣等：《中国模式：理想形态及改革路径》，广东人民出版社2012年版，"专家推荐"第5—6页。

而前述章剑生教授提到的"'管'字当头的权力观念病灶";毛寿龙教授指出的"哪怕是自称是人民的公仆,人民也只会伺候他们,而不是让他们来伺候人民";本章第6点中的曹林先生更是区分了"法治"与"管制"的不同,等等,都说明在"缺乏相互约束"的树结构之下,我们的城管也好、警察也罢,他们中的不少人都早已形成了对民众"管"的观念及手段,他们最缺乏的就是"人性化的视角",哪里还容得下来之于民众对他们的"不敬"呢。

我们知道:世上的权力分割只有"同权分割法"及"异权分割法"两类,由他们分别构成了树结构及果结构,并由他们分别形成了社会的"管制"与"法治"这样两类完全不同的观念及手段。这正如中国政治学会副会长、华中师范大学教授徐勇强调指出的那样:"从发展中国家看,面对日益分化、复杂和多变性的社会,治理方式和治理能力显得特别重要。一般来讲,可选择两个方式:一个是管制,即政治权威的单边治理实行强制性整合。虽然可以强制性地压下去,但造成的是官民对立的后果,秩序也不一定能保持持续的稳定。二是民主治理(即法治——引用者注),即在政府主导下,与民众双向互动,实行有机整合,不是强制性的。它产生的结果是秩序与活力均衡。那种强制性整合虽然一时达到稳定,但是没有活力。"①

虽然,"我国社会权力的树结构是中华文化的一种遗产"②,但近四百年来,特别是当西方建立起果结构体制并取得成功时,中国的树结构体制就越来越成为中国社会的一大包袱,"也是中国社会的一种'病灶'"③。由树结构决定的社会秩序为"树序",常常引发官民在运行过程中的抗争与对立,由树结构决定的社会控制变成了对民众的"管制",等等。总之,树结构把中国人(包括官员及民众)实在是害惨了。在我们伟大的中华土地上,它已经运行两千多年了,该是中国卸下包袱、消除"病灶"的时候了。要使中国社会真正和谐,就必须对树结构进行类型转换,从根本上脱离中国封建社会中所谓"农民革命"而带来的仅仅是"改朝换代"(但权力结构类型不变)的机制。"树序"引发

---

① 徐勇:载《社会科学报》2007年11月8日(第二版)。

② 王鸿生:《从封闭到开放——论中国权力结构的转变》,载《湖北函授大学》(或《湖北第二师范学院学报》)2013年第3期。

③ 王鸿生:《从封闭到开放——论中国权力结构的转变》,载《湖北函授大学》(或《湖北第二师范学院学报》)2013年第3期。

了官与民的抗争或对立，"和谐"的中国人（包括官员及民众）变得相互对抗甚至对立了。要使中国社会和谐，必须对树结构进行类型转换。

在以树结构为权力结构的社会中，强者乃为有权有势者，弱者则为无权无势者也。"官方版失去了公信力"的根源也在于此，只有在非树结构（特别是在果结构）之下，才能提高"公信力"并形成服务性政府。这也正如南开大学副校长朱光磊教授指出的那样："提高政府公信力，政府应该变'单边主义'为'双向互动'，建设服务型政府。"① 要注意的是，这里讲的"双向互动"就要求权力相关的两元素之间构成笔者前述的"二元闭合系统"或称"环"状结构图，而"单边主义"则是"二元开口系统"罢了。从整个国家来讲：前者就是果结构，后者就是我们传统的树结构。而民间版社会想象系统"特别得民心"是民众对权势者的一种"仇恨"心理的表现，"我们要保持清醒"，就是应该清醒地看到：必须马上进行权力结构的类型转换（即结构改革），也即政治体制的改革。只有通过这种改革，我们才能真正解决"政府太强，社会太弱"②等问题，从根本上解决我国社会的基本矛盾——阶层矛盾（或称官民矛盾），从而也就从根本上消除了"两种社会想象系统"的分裂状态，达到社会和谐的目的，这才是真正的"殊为重要"。

（郭德钦　潘峰）

---

① 朱光磊：《变"单边主义"为"双边互动"》，载《法制日报》2011 年 7 月 22 日。

② 潘德斌、颜鹏飞、吴德礼、王长江、赵凯荣、陈国荣等：《中国模式：理想形态及改革路径》，广东人民出版社 2012 年版，封底。

饶毅的科学展望

——代结束语

1. 饶毅对我国科学发展的展望

首都经济贸易大学教授、博士生导师戚聿东先生说[①]：北京大学生命科学学院院长饶毅分析，到2049年，中国经济总量有可能超过美国而重新成为世界第一大国。但在科学上，中国超过法国和意大利问题不大，超过德国和英国可能性比较低，超过日本很难，超过美国是不可能的，他提出2049年中国科学的发达程度，不仅依赖于科学界，而且需要从现在起在教育和体制上多方面改革和努力。

一个类似的问题，邓小平同志早在1982年时就提到了。邓小平在同国家计委负责人谈话时就希望在我国出现"经过实践，真正能干的人就会冒出来"的局面。据笔者理解，小平同志这里所说的"冒"出来，是指像发达国家中那样，真正能干的人相当普遍地、自发地成长起来；而无需像我国这样，需要依靠自身之外的势位势能作用才能成长起来。

二十七年后，温家宝总理在一次教育工作会议上说："当我看望钱学森时，他提出现在中国没有完全发展起来，一个重要原因是没有一所大学能够按照培养科学技术发明创造人才的模式去办学，没有自己独特的创新的东西，老是'冒'不出杰出人才。我理解，钱老说的杰出人才，绝不是一般人才，而是大师级人才……这是我非常焦虑的一个问题。"[②]

为什么会这样呢？其根本之处在于我们同发达国家之间体制的差异：发达

---

① 戚聿东：载网易微博，2013年1月20日。

② 温家宝：《教育大计，教师为本》，载《人民日报·海外版》2009年10月12日。

国家采用的是果结构体制，而我国则采用的是树结构体制，如发达国家"希望青年有自信、有特长、提倡'创新'"；而中国却"希望青年要成熟、要聪明，提倡'识相'"①。而从本书第二章第 6 点知道：这种"识相"的要求，在树结构之下是很难达到的，而能达到"识相"要求的人，早已不求"科学进取"了。也就是说，在我国这类树结构体制下，不可能成为"科学发源"之地，也"'冒'不出杰出人才"。树结构有一种使本来最拔尖的人才可能因不"识相"而"冒"不出来，即树结构有一种"优汰劣胜"的机制。因"我国目前的创新体制、科研管理体制等与国外还存在一定差距"②，故"中央人才工作协调小组办公室负责人此前接受记者采访时表示，目前我国流失的顶尖人才数量居世界首位，其中科学和工程领域滞留率平均达 87%"③。现代社会，"识相"的人已越来越多，如北京大学钱理群教授在武汉大学老校长刘道玉召集的"《理想大学》专题研讨会"上指出的那样："我们的一些大学，包括北京大学，正在培养一些'精致的利己主义者'，他们高智商，世俗，老到，善于表演，懂得配合，更善于利用体制达到自己的目的。这种人一旦掌握权力，比一般的贪官污吏危害更大。"④ 而中国社会科学院美国研究所前所长资中筠则说："清华大学的前身是留美预备学校，现在有人说清华又变成留美预备学校了。不过当年出国留学的青年大多回国，带回来先进思想，要为中国现代化做贡献；现在多数人一去不回，即使回来，也是准备着要走进既得利益者的圈子，不是改造社会，而是迁就现状，甚至和丑恶同流合污。"⑤

事实上，发达国家对人的承认方式是"多通道"的秩序认证方式，而我国对人的承认方式是"单通道"（即唯一的官道）的秩序认证方式。不同元素在成长过程中的相互竞争，必然涉及"承认通道"之争（因单通道"一夫当关、万夫莫开"，而失去"承认通道"就等于失去被社会承认的途径"）。况且，元素等是否被社会承认的过程，其实是一个能否"被承认通道放行"的过程，只有那些能够不断地"被放行"的元素，才会在相应的社会中得到迅速地成长，

---

① 饶毅：《我们需要什么样的人才》，载《民主与科学》2012 年第 3 期。

② 《吸引高端人才我们缺什么》，载《瞭望》2013 年第 29 期。

③ 《吸引高端人才我们缺什么》，载《瞭望》2013 年第 29 期。

④ 钱理群：载网易微博，2013 年 6 月 12 日。

⑤ 资中筠：载网易微博，2013 年 6 月 29 日。

并成为竞争的胜利者，否则将成为失败的一方，这就是我国内耗严重的深层根源。而在我国对这种单通道的争夺中，同样存在"打通关节"或"阻塞他人通行"等种种腐败现象，且这些腐败现象带来的后果显然更加严重于经济领域中的"同类现象"。如将一批"假、冒、劣"元素合法化并取得相应的职务、职称的结果（在树结构的条件下就相当于同时让其占据了某些官员位置），将会给更多"真、实、优"元素的成长带来毁灭性的灾难，它远比"假、冒、劣"商品进入市场而带来的危害要大得多。但令人费解的是，人们对此避而不谈，看来它更加隐蔽罢了，诚若是，则前者的危害性也就更大，这说明社会的隐秩序比社会的显秩序更为深刻、重要。

很显然，真正能干的人相对普遍、自发（即无需主要依靠自身之外的势位势能作用）地成长起来，只有在没有势位势能作用的体制，即以果结构为权力结构的体制中才有可能出现，并且从发达国家的实践来看，这种体制确实产生了这种作用。

饶毅感觉到："不仅依赖于科学界，而且需要从现在起在教育和体制上多方面改革和努力，理想才能够逐步实现。"权力结构论完全证明了这一点：只有体制改革，特别是包含其中的权力结构层次的改革，才能完成这一伟大的科学发展规划，并且，只有从现在开始才能在2049年左右实现饶毅讲的目标（关于教育体制及科研体制的改革，笔者另文给出）。

2．参加写作作者（按书中出现顺序排序）及我们的谢意

潘德斌：原国家体改委特聘研究员、《今日财富》顾问。楚渔：号西山闲人，当代独树一帜、理性深邃的思想家，其代表作有《中国人的思维批判》（从哲学角度揭示了中国近千年落后的根本原因，是学术界对"李约瑟难题"和"钱学森之问"最有说服力的回答）及《走上神坛的岳飞》（主编）等，系中国社会科学院近代思想研究中心研究员，光明日报社《博览群书》常务理事）。尹光志：湖北省体改委原副主任，湖北省发展中心原主任，教授。王鸿生：中国人民大学哲学学院教授、博士生导师，北京市自然辩证法研究会理事长。熊传东：学者，《今日湖北》副总编辑。丁爱辉：法学硕士，资深律师。郭德钦：

桂林理工大学马克思主义学院讲师，法学博士。程波：学士，武汉市农业银行二级分行行长。余文平：生物学专业硕士。赵凯荣：武汉大学哲学学院教授、博士生导师。程峰：长城宽带网络公司网络工程师。颜鹏飞：武汉大学经济管理学院教授、博士生导师，武汉大学经济思想研究所所长，《经济思想史评论》主编。潘峰：武汉科技大学二级教授。

最后，笔者向中国出版集团世界图书出版广东有限公司、编辑孔令钢、刘婕好以及关心过此书理论及出版的所有同志致以最亲切的谢意！

潘德斌　余文平

2013 年 7 月 20 日